长株潭城市群
防洪体系运营维护指南

张贵金　瞿卫华　李梦成　刘思源 编著

U0286515

黄河水利出版社
·郑州·

图书在版编目(CIP)数据

长株潭城市群防洪体系运营维护指南 / 张贵金等编
著. — 郑州 : 黄河水利出版社, 2013.4
ISBN 978-7-5509-0454-5

Ⅰ. ①长… Ⅱ. ①张… Ⅲ. ①城市群—防洪—城市
防护工程—运营—湖南省—指南②城市群—防洪—城市
防护工程—维修—湖南省—指南 Ⅳ. ①TU998.4-62

中国版本图书馆 CIP 数据核字(2013)第 074512 号

出 版 社 : 黄河水利出版社
　　　　　地址 : 河南省郑州市顺河路黄委会综合楼 14 层　　邮政编码 : 450003
发行单位 : 黄河水利出版社
　　　　　发行部电话 : 0371-66026940、66020550　传真 : 0371-66022620
　　　　　E-mail : hhslcbs@126.com
承印单位 : 河南地质彩色印刷厂
开本 : 850 mm × 1 168 mm　1 / 32
印张 : 6.875
字数 : 185 千字　　　　　　　　　印数 : 1—1 000
版次 : 2013 年 4 月第 1 版　　　　　印次 : 2013 年 4 月第 1 次印刷

定价 : 25.00 元

前　言

　　自古以来，人类傍水而居，城市依水而建。江河或蜿蜒城内，或盘桓其侧，起到重要的生态调节和环境改善作用。随着经济与社会的飞速发展，以及极端气候的频繁发生，城市防洪体系对城市安全越来越重要，而防洪体系往往与市政工程、城市交通重叠交叉，管理条块分割。对城市群而言，由于城市等级、市区市郊工程等级、城区河段左右岸、防洪体系建设历史及管理水平等方面存在不同程度的差异，因此在建设完备的城市防洪设施基础上，加强城市群防洪体系的运营维护和规范管理就显得十分必要。

　　基于世界银行评估立项的湖南城市发展项目，在加强长株潭湘江防洪堤及景观道路的运营维护能力方面进行了研究。通过调研国内外文献，考察吸纳长江、黄河、珠江等堤防工程的运营管理经验，分析评价长株潭湘江防洪堤及景观道路运营管理现状，依据国家相关法律法规、技术规范及国际通行原则，研究形成了本指南的主要内容。

　　本指南明确了长株潭城市群防洪体系的运营维护标准、科学的养护与监测方法等，可用以规范长株潭城市群境内防洪堤及景观道路工程的运营维护行为，提升相关管理单位在堤防和景观道路方面的养护能力，提高综合管理水平，达到消除工程隐患，充分发挥工程效益等目的，可作为其他城市防洪体系运营维护部门的技术指导、工作依据或培训材料，也可供区域城市防洪、全流域防洪决策参考。

编　者

2013 年 2 月于长沙

目 录

第1章 绪 论

1.1 城市及江河

水,是滋润万物生命的源泉,是人类繁衍生息的基础。有了水,我们才有了黄河流域的远古文化,才有了秀美的江南水乡……有了水,山才氤氲其灵气,树才荟聚其青翠……

人类在与水打交道的过程中,学会了农耕桑麻,学会了汲井建渡,学会了"刳木为舟、剡木为楫",并逐渐在水草丰美的江河洲岸汇集,慢慢发展成为规模不一的城镇。城镇发展的早期,江河既是防守的屏障,亦是交通运输、工商贸易与服务的通道;在城市形成和发展中,沿江河的市镇逐渐发展成大城市,河流成为关键的资源和环境载体。

截至 2012 年年底,我国共有 4 个直辖市、27 个省会城市傍河而建,如广州珠江、南昌赣江均穿城而过,天津海河是中心城区和滨海新区的纽带。

西安市内河多,除了"八川",西安大大小小的河流有数十条之多。"终始灞,出入泾、渭,沣、 涝 ,纡余委蛇,经营乎其内,荡荡乎八川分流,相背而异态。"

南京市内河长,其中秦淮河长 110 km,分内外两支,一支从东水关入城,从西水关出城,市区内长 4.2 km,是秦淮风光的精华所在,称"内秦淮",即"十里秦淮";另一支沿明城墙的东、南、西三面流过,成为南京城的护城河,称"外秦淮",两支水在水西门外汇合后流入长江。

上海市内河美，苏州河风光旖旎，水产丰富，从江苏太湖东至上海外滩汇入黄浦江，全长 125 km 的河道在上海境内就有 53.1 km，是上海的母亲河。

中国部分滨水城市见图 1.1。

（a）上海外滩

（b）武汉

图 1.1 中国部分滨水城市

（c）长沙

（d）广州

续图 1.1

国外许多著名的大都市，如巴黎是从塞纳河中的小岛上发展起来的，美国最古老的城市波士顿也是依靠海港而逐步建成。其他如开罗、伦敦、维也纳、鹿特丹、汉堡等，情形莫不如是。国外部分滨水城市见图1.2。

（a）波士顿（美国）

（b）伦敦（英国）

图1.2　国外部分滨水城市

（c）威尼斯 （意大利）

（d）开罗（埃及）

续图1.2

　　江河在城市发展中的功能,除基本的供水、运输、军事功能外,还有交通景观、水源与水体活力功能,游乐与运动功能,生态环境陶冶与更新功能，以及文化历史渊源延续功能等。日本吉川胜秀、伊藤一正编著的《城市与河流》倡导以城市河流、运河和湾岸为中心进行城市规划和城市再生的理念。

1.2　城市防洪体系概述

早期的城市，大都选址在气候适宜、地形平坦、土壤肥沃、水源丰富、雨热同期、适合人类生存和发展的冲积平原上。冲积平原由江河洪水挟带的泥沙淤积而成，也是江河在某时期的洪水泛滥区，洪灾对人类的生活、生产影响巨大。早期城市依靠简单的围埝和堤防或单纯躲避洪水，属于被动的"逃避式"的防洪体系。

随着城市的不断扩大，人口及其他资源不断集中，人们在河岸两侧开始大规模修筑堤防防止洪水泛滥，20世纪后期，不断建造出规模庞大的水利工程体系，力求控制洪水，形成了以"防、排"为主的城市防洪体系。

在人类与洪水的斗争中，人们逐步认识到：城市的防洪体系建设要与城市生态环境建设相结合，要顺应自然状态和规律。既要适当地控制洪水、改造自然，又要主动地适应洪水、与自然协调共处。

城市防洪体系一般是由防洪堤、涵闸、撇洪渠等工程设施及防汛管理、汛情预警等非工程措施组成的集合体。

20世纪60年代初，英国政府痛下决心全面治理蜿蜒流经伦敦的泰晤士河，立法改革河流管理体制，从地方行政分割到统一管理整个流域，并对水量的分配、水污染防治、航运防洪以及生态的可持续发展进行全方位筹划与整治。将全河流域划分成10个区域，合并了200多个管水单位，建立了新的水业管理局（实行私有化后成为泰晤士河水业管理公司），负责对全流域的水资源进行管理与保护，其决策机构是董事会。董事会成员由两部分组成：一部分由环境、农业、渔业、粮食大臣各任命2~4名熟悉业务，并具有一定组织协调能力的人员担任；另一部分是流域内的地方代表。其中，国家任命的代表数额不得超过地方代表的数额。这样，成立一个由国家和地方联合建立的组织对河流进行管理，摆脱了单纯来自地方行政的束缚，尽可能公平地对水资源进行全流域的分配。

法国塞纳河（见图 1.3）在遭受严重洪涝灾害后，经过从 20 世纪 30 年代开始的不懈治理，已成为一条穿过巴黎的长长玉带；为应对洪灾，制定了严格的管理制度：河水上涨 3 m，河边一级道路关闭（每年都会出现几天）；上涨 4.3 m，河内禁止船只通行；上涨 6 m，对地势较低的城区采取保护措施；上涨 7 m，将对巴黎生活造成不良后果（1924 年达 7.3 m，1955 年为 7.14 m）；上涨 8 m，某些城区将被淹，一些居民将被疏散；上涨超过 8 m 则为重大水灾。

图 1.3　巴黎塞纳河风景

随着经济社会的飞速发展，极端气候的频繁发生，城市防洪体系对城市安全越来越重要，如 1998 年我国长江、松花江、嫩江、湘江、闽江等江河相继发生了特大洪水，九江、武汉、哈尔滨等重要城市发生的重大堤防险情，威胁着城市与人民的生命财产安全。

我国城市形成历史极其悠久，新中国成立后发展非常迅猛，城市防洪体系也随之发展。由于城市洪涝灾害极其频繁，城市防洪工作越来越重要。

我国的城市防洪体系目前存在的主要问题有：

（1）部分城市防洪标准较低。"城乡结合部"依然沿用老旧防洪体系，以及城区改扩建的防洪工程"重建轻管"等现象大量存在；改扩新建的高标准防洪工程的运营维护管理缺乏经验与技术手段，制约了工程综合效益的充分发挥。

（2）城市防洪体系应用洪水预报、预警系统，城市应急联动系统等先进的技术手段和管理手段不足。

（3）城市建设和城市防洪管理制度不完善，防洪应急管理体系不完备，补偿机制未建立。

（4）城市居民的防灾减灾意识淡薄、防洪减灾常识缺乏。

可采取的对应措施主要有以下两方面：

（1）建立完善的城市防洪体系。城市防洪体系不仅要满足城市的防洪安全，还要使工程本身融合到城市建设中去，集生态、环保、现代景观于一体。应综合考虑城市的规模、地理位置、地形、在区域经济发展中的作用和地位，以及技术上的可靠性和经济上的合理性等诸多因素，按照城市防洪规范，适当提高城市防洪标准，建立完善的防洪体系。

（2）充分利用管理等非工程措施。制定和完善相关制度，建立防洪预案，进行风险管理。如加强洪水预报、调度、警报，建立城市排涝系统应急反应机制、城市洪灾风险管理体制、雨洪利用管理体系、城市洪涝灾害应急管理体系等。建设资金投入时充分考虑对管理运行、养护维修和非工程措施的投入。

1.3　城市群防洪体系概述

1.3.1　城市群发展的必然性

城市群是城市化的结果，是若干相邻城市发展到一定阶段后的必然产物。

城市群是指在相关的地域范围内具有相当数量的不同性质、类型和等级规模的城市，依托一定的自然环境条件，以一个或两个超大城市作为地区经济的核心，借助于现代化的交通工具和综合运输网的通达性，以及高度发达的信息网络，发生与发展着城市个体间的内在联系，共同构成的一个相对完整的城市"集合体"。

城市群的发展优势有以下几点：

（1）有助于通过促进分散聚集，解决单个城市过度发展所产生的问题。单个城市具有较大正的集聚效应，但在达到一定规模时会出现诸如拥挤、污染等问题，而城市群借助于迅速发展的交通通信技术，使集聚得以在更广阔的范围进行，不仅依然保持较大的集聚效应，又可以在相当程度上减少这种集聚所带来的负面影响。

（2）更能适应劳动力市场对稳定性和灵活性的双重要求。城市群的发展使劳动力市场规模扩大，结构更加完善，增加了劳动力在不同市区、不同行业或企业之间的流动性，由于城市群内部邻近城市间的交通通信设施完善，劳动力在实现跨区流动时不必搬迁住所，依然可以保持生活方面的稳定性。

（3）更能适应城市发展专业化和多样性的矛盾要求。随着城市的发展，专业化分工也愈加深化，对多样性的要求也更加迫切，即每一行业都需要完善的产业链支撑和多种专门配套设施。这样一来，如果一个城市的某一行业衰败了，会很容易影响其他关联行业，但是在城市群内，一个城市的某一行业衰败了，其关联行业却很容易在另外一个相邻城市寻求到支撑。因此，城市群的出现能够满足城市发展对专业化和多样性的要求。

随着我国社会经济的发展,城市之间的竞争很大程度上已演化为以城市群为主的区域竞争。由于城市群有利于加速人口和产业集聚,加快工业化和城镇化进程;有利于培育壮大经济增长极,提升地区整体竞争力、激发市场潜力;有利于充分发挥城市群的辐射带动作用,增强对经济发展的支撑能力;有利于大力促进各地区崛起,推动区域协调发展。因此,加强城市内部城市间的合作与联系,形成城市群整合发展,是我国当今区域经济发展的必然趋势,也是提高区域竞争力的必然要求。比如我国中部地区,是我国人口和城镇比较密集的区域,目前已经初步形成了以武汉城市圈、中原城市群、长株潭城市群、皖江城市带、环鄱阳湖城市群和太原城市圈六大城市群为主的发展格局,在中部地区经济社会发展中具有举足轻重的地位。

我国城市群按照规模划分成四种类型,见表1.1。

表 1.1　城市群分类

类型	面积 （万 km²）	总人口 （万人）	城市人口 （万人）	城市数量 （座）	城市等级 结构
特大型	≥10	≥5 000	≥2 000	≥40	完整
大　型	5~10	3 000~5 000	1 000~2 000	20~40	完整
中　型	3~5	1 000~3 000	500~1 000	10~20	较完整
小　型	1~3	500~1 000	15~500	5~10	不完整

1.3.2　我国城市群防洪体系特点

我国城市群防洪体系的主要特点可用"差异性"概括。

（1）城市群内城市等级不同,防洪标准存在差异。在一个完整的城市群体系内,城市群以一个或几个大中城市为核心,这些核心城市就成为城市群经济活动的集聚中心和扩散源,对整个区域的社会经济发展起着组织和主导作用。中心城市可能是一个，也可能是多个。中心城市的防洪标准一般较高，而城市群内骨干或一般城市，防洪标准与之比较往往较低。从历史发展角度来看，这种情况有其合理性。但城市群内，各城市地域接近，洪水情势相近。

（2）市区、城郊工程等级差异性。出于各种原因的综合考虑，我国各城市的市区与城郊的防洪工程等级差异较大。市区防洪工程的等级高，设施较完备，维护情况较好。但城郊或者村镇防洪工程的等级较低，甚至不设防。

（3）城区河段左右岸差异性。滨水城市河段左右岸往往会因社会经济发展的不平衡而出现防洪标准不一致的现象。人口与资源集中，经济发展较好的一侧往往设防标准高。湖南省长沙市主城区位于湘江东岸，该城区也是长沙市的防洪重点，防洪标准比河西要高。随着经济的发展与河西开发程度的不断提高，在《长株潭城市群区域规划》中，长沙市区湘江两岸防洪标准达到一致，均提高到100~200年一遇。

（4）防洪体系建设历史的差异性。城市群内，由于城市形成的自然条件、历史基础和经济集聚的因素不同，导致防洪体系建设的历史也不同，城市防洪体系的效率必然存在差异。

（5）城市群管理水平的差异性。受城市经济发展水平、管理体系设置、管理人员教育程度等因素的综合影响，各城市在防洪工程的维护管理水平方面存在差异。

针对上述"差异性"，城市群防洪体系可采取如下的应对措施：

（1）统一防洪标准。历史上，防洪工作遵循着"照顾重点，兼顾一般"的原则。由于城市群发展的动态性，城市群防洪体系的规划建设应具有前瞻性，条件许可的情况下，可统一城市群内同等级城市的防洪标准。

（2）统一防洪工程建设标准。城市群意味着自然地理意义上的城市密集分布，各城市的防洪工程存在较大差异，条件许可的情况下，应统一防洪工程建设标准，使得防洪功能和生态景观、防洪景观道路与城市交通系统形成有机整体。

（3）统一协调管理。城市群的防洪工作既要考虑区域内各城市防洪体系的历史与现状的差异性，也要考虑城市间防洪体系存在着相互依存、相互促进和相互制约的关系，应综合考虑管理模式、管理机制、管理机构、管理技术与方法、预警系统建设等方面，采用先进技术，加强运营维护管理，形成高效的一体化联动机制，发挥防洪体系的最大综合效益。

1.4 长株潭城市群概述

湖南省将长（长沙）、株（株洲）、潭（湘潭）经济一体化作为一项长期的城市发展战略，将建设成长、株、潭经济一体化城市群，这对加快湖南城市化进程和经济发展具有战略性地位。

区内人口集中、经济发达、人文厚重、交通便利，是全省经济社会发展的核心地区。为建立健全流域综合开发治理机制，统筹推进环境治理与生态修复，推进水资源综合利用与防洪安全，推进新型城镇化与新农村建设，推进文化旅游开发与景观建设，在主体功能区布局、水资源管理和防灾减灾体系、生态环境保护体系、新型城镇体系、两型产业体系、历史文化旅游带和综合交通体系建设等七方面进行了总体规划，将重点建设绿色生态带、沿江城镇带、文化旅游带、水利航运带、"两型"产业带等五大功能带。

长株潭城市群沿湘江呈"品"字形分布，结构紧凑，境内中小河流众多，每年汛期，湘江等江河洪水峰高量大，又受下游洞庭湖高洪水位顶托，汛情不断恶化，而现有防洪治涝设施薄弱，标准低，质量差，问题多，与城市防洪安全要求很不适应，因此必须建设完备的城市防洪设施，并加强城市防洪体系的运营维护和规范管理。

第2章 长株潭城市群防洪体系概况

2.1 区域工程现状

2.1.1 防洪工程现状

长株潭城市群沿湘江已建堤防总长为 53.271 km（其中长沙段 18.981 km、株洲段 25.305 km、昭山段 4.91 km、湘潭段 4.075 km），堤线较长且均为土堤，堤顶高程随各地设计洪水位而异。大堤为分阶段多次加高培厚填筑而成，堤身填土比较复杂，既具有多层次性，又具有区段性，主要为粉质黏土、黏土和壤土，局部堤段混有粉细砂、碎瓦片，部分堤段上部为杂填土。室内土工试验结果表明：堤身天然含水量为 18.7% ~ 31.9%，干密度为 1.46 ~ 1.58 g/cm^3，孔隙比为 0.65 ~ 0.85，压缩系数为 0.23 ~ 0.46 MPa，垂直渗透系数为 $3.2 \times 10^{-5} ~ 6.5 \times 10^{-7}$ cm/s，部分堤段混有粉细砂，水平渗透系数达 $2.5 \times 10^{-3} ~ 2.5 \times 10^{-5}$ cm/s。

由于不同堤段的土质成分、填筑质量存在差异，而且在长期运行中遭受自然灾害的侵袭和各种人为因素的影响，一旦遭遇大洪水，部分堤段就可能发生堤基散浸、管涌、渗漏、堤身滑坡甚至溃口等险情。

2.1.1.1 长沙段防洪工程现状

长沙段防洪保护范围包括湘江左岸黑石铺至暮云镇之间的解放垸与南托垸，现有堤长 23.9 km，其中解放垸长 11.55 km，南托垸长 12.35 km，保护面积（洪水位以下）28.07 km²。区内重要保护对象有京广铁路、107国道、长沙市三环线、大托铺机场、国防719厂以及湖南省政府等，防洪地位十分重要。

现有堤防修建于20世纪60~70年代，无正规设计和施工，基础未经处理，经逐年加高培厚而成。存在的主要问题有：堤身断面不够，部分堤段堤身质量差，存在散浸、滑坡、渗透、管涌流土现象，严重威胁大堤安全；堤顶高程不够，比设计高程平均低0.56 m，堤防防御能力仅10~15年一遇。

2.1.1.2 湘潭段防洪工程现状

湘潭段防洪工程包括昭山段与湘潭市区段。

昭山段防洪保护范围分为仰天湖垸与易家湾两处保护区。主要保护对象有易家湾镇、昭山经济开发区、仰天湖垸农业生产基地、京广铁路、107国道、上瑞高速公路等。其中仰天湖垸防洪堤始修于20世纪80年代末，经历年整修，现有堤顶高程、堤顶宽度、内外坡比等均未达到设计要求，堤基与堤身渗漏严重，局部堤段外坡滑坡，河岸冲刷崩塌。易家湾防护区无堤防，遇到10年一遇的洪水，该镇约有1/3的面积受淹，同时区内国道将漫水，京广铁路也会被淹。堤防现场见图2.1。

图2.1　湘潭莲城大桥附近堤防现场

湘潭市区段防洪保护范围为湘江右岸（河东）铁桥起经公路一桥至烧窑港止，河道岸线长 4.27 km；防洪堤起于铁桥，止于公路一桥上首的烧窑港，堤长 4.03 km。本段堤防始建于 20 世纪 70 年代，经陆续加高扩建，堤顶高程 41.5～41.9 m，堤顶宽达 12.5 m，防洪能力接近 50 年一遇。

2.1.1.3 株洲段防洪工程现状

株洲段防洪保护范围为：沿湘江左岸园艺场垸（中心城区）起经天元区的长堡、小麦港、长岭垸和株洲县的湘胜垸、雷打石垸，至空洲岛止。株洲空灵寺下游湘江右岸堤防见图 2.2。

图 2.2　株洲空灵寺下游湘江右岸堤防

从龙家祠堂至空洲岛，共有堤防 6 段，总长 21.747 km。这段堤除中心城区段（园艺场垸）在 1994 年洪水过后进行了较大规模的加固建设，目前已基本达到 50 年一遇的标准外，其他堤段的防御标准仅 10 年一遇。中心城区已加固堤防长 670 m，但存在堤外脚冲刷崩塌、堤身拉裂等现象。其他区垸堤防均修建于20世纪60～70年代，无正式设计和施工，经逐年加高整修而成，堤身断面与堤顶高度都达不到设计标准，堤防质量也很差，如堤身严重渗漏，堤基未作防渗处理，常发生局部滑坡、管涌等险情；穿堤涵洞水管老化断裂，成为堤防的重点隐患。

2.1.2 治涝工程现状

2.1.2.1 长沙段治涝工程现状

治涝工程主要包括电排站与撇洪渠、排水闸等。长沙段现有电排站6座，装机容量3 910 kW，撇洪渠5条，各类涵闸15座。存在的主要问题有：排涝标准为10年一遇3 d暴雨3 d末排干（农村标准），标准明显偏低，不能满足城市化进程的要求；现有设施设备均运行30年以上，损坏、老化严重，效率一般只达到原设计值的60%左右。尤其部分穿堤涵闸、水管出现断裂沉陷，除影响排涝效果外，还威胁大堤防洪安全；穿堤水管、涵闸的长度不能满足堤身加培的要求，撇洪渠的渠堤年久失修。

2.1.2.2 湘潭段治涝工程现状

昭山仰天湖排水区的治涝工程，主要由王家赛与军民团结两条撇洪渠、红卫电排站，以及仰天湖内湖蓄涝工程组成。目前存在问题有：原标准偏低，为10年一遇3 d暴雨3 d末排干至稻田耐淹水深（农村标准），不能满足本区提升为城市经济区的要求；现有工程年久失修，撇洪渠堤矮小损坏，渠内淤积严重，闸门破损，电排站设备老化，实际治涝标准仅3年一遇。易家湾排水区原有的排水闸和2处电排站，当外线堤防新修后就转为内排设施。

湘潭市区的治涝工程只有 2 处电排站和 1 条撇洪渠,区内没有内湖蓄涝工程。由于原设计标准是按农业要求确定,与农村转城市的发展要求不相适应。存在的不足有:现有治涝设施的设计标准偏低,工程规模不足;现有排水设备运行期长,老化损坏严重,排洪渠堤矮小残缺,渠内滑坡、淤积严重。

2.1.2.3 株洲段防洪治涝工程现状

株洲段现有电排站 13 处,各种涵闸 39 座。不论是城区还是县区,排涝标准都基本上采用农田排水标准,即 10 年一遇 3 d 暴雨 3 d 末排干。主要存在的问题有:现在治涝设施的设计标准偏低,治涝标准应相应提高;随着城市化的发展,原设施的排水能力不足。

2.1.3 防洪工程主要问题

长沙市防洪排涝体系主要存在以下问题:

（1）中心城区堤防尚未形成封闭圈,整个长沙市共有 4 770 m 的缺口。

（2）堤身质量差,主要为土质不纯、沉陷不均匀等。

（3）堤身断面矮小,堤顶比设计值低。

（4）河湖淤积,湖水顶托,洪水位不断抬高。

湘潭市防洪工程防洪标准低,且易家湾段的 107 国道和京广铁路线未得到保护,堤顶高程大多在 39.2 ~ 42.1 m,仅能抵御 15 年一遇的洪水。

株洲市的防洪体系中存在以下问题:

（1）现有防洪标准低、防洪设施薄弱,堤顶高程比设计值低 1.5 ~ 3 m,现有防洪能力一般为 15 ~ 20 年一遇。

（2）现状堤防存在许多险工和隐患。

由于地域接近及填筑方法相似等因素，长株潭城市群沿江堤防也存在如下类似的工程地质问题。

（1）堤基渗漏与渗透稳定问题。大部分堤基上部为粉质黏土、黏土、壤土层，下部为粉细砂、砂砾卵石层。由于粉细砂层结构松散，透水性较强，当上部黏性土覆盖较薄或人为破坏且水位较高时，堤内外水头差较大，渗透压力增大，则易形成地下水渗透通道，轻者形成散浸，重者形成粉细砂等随地下水溢出地表，形成砂沸管涌，更严重者则造成溃堤，严重危及堤防安全。

（2）堤基沉陷变形及抗滑稳定问题。部分堤段堤基表层分布有淤泥质黏土或淤泥，含水量高，处于软塑—流塑状态，属高压缩性土，承载力低，在上部荷载作用下，存在沉陷变形问题，并可导致堤身拉裂破坏。此外，由于其固结排水时间较长，在上部荷载的长期作用下，堤基将产生不均匀沉陷；当堤内存在较深低洼带或堤基外因当冲而淘脚，在高洪水位时堤身在水平荷载或渗透水压力作用下存在沿淤泥质土层产生剪切滑移的可能，导致堤身开裂、倾斜。

（3）岸坡稳定问题。湘江干堤外坡部分为当冲堤段，而堤身主要由黏性土构成，受水流和风浪的冲刷易造成坍塌垮脚、岸坡后退，危及堤身安全。特别是在汛期，水流的侧蚀、底蚀作用更强，岸坡坍塌更为严重，故需采取护岸护坡措施，增强堤岸的抗冲蚀能力。

（4）堤身渗漏问题。堤身渗漏主要是防洪堤断面不够，填土质量差，新老结合面多，局部堤段混杂有砂壤土、粉细砂、砂卵石、碎石等，结构松散，透水性强，因此在汛期高水位下，部分堤身产生渗水，乃至堤身脱坡。

2.2 改扩建工程总体布置

长株潭湘江防洪堤及景观道路改扩建工程分成长沙段、湘潭段、株洲段三大区段，起于长沙市猴子石大桥湘江东岸，沿江而上接株洲空洲岛。各区段设置见表2.1，工程总体布置见图2.3，工程特性见附表1。

表2.1　长株潭城市群防洪体系改扩建工程区段情况

序号	工程布置		道路长度（km）		管辖范围堤防桩号
	区段名称	堤段名称	防洪道路	景观道路	
1	长沙段	长沙市解放垸段	21.731	21.438	CSK0+000~12+200
		长沙市南托垸段			CSK12+200~21+731
2	湘潭段	湘潭昭山仰天湖垸段	6.25	5.831	ZSK0+000~6+250
		湘潭市区段	11.35	11.35	XTK6+250~17+600
3	株洲段	株洲市区段	12.858	12.858	ZZK0+000~9+708 ZZY0+000~Y3+150
		株洲郊区段	10.671	10.671	ZZK9+708~20+379
		株洲县段	9.541	9.541	ZZK20+379~28+340

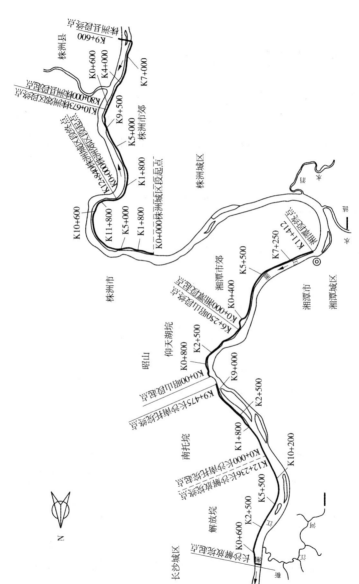

图2.3 长株潭城市群防洪体系改扩建工程总体布置

2.3 改扩建主体工程简介

2.3.1 堤防工程

新修防洪大堤 8.047 km，加高培厚大堤 53.27 km，加固撇洪渠 9 条，堤身防渗处理 16.631 km，堤基防渗处理 14.992 km，护坡护脚 36.69 km，防洪道路总长 72.4 km。不同区段的堤防工程建设内容见表 2.2。

表 2.2　堤防工程建设内容

编号	项目	地点	内容
1	长沙段	解放垸 （CSK0+000～12+200）	加高培厚大堤 12.30 km，堤身防渗处理 2.79 km，堤基防渗处理 3.78 km，护坡护脚 11.55 km。接长改建涵闸 4 座，加固撇洪渠 3 条，扩建、新建电排 3 处
		南托垸 （CSK12+200～21+731）	加高培厚及新修大堤 9.53 km，护坡护脚 10.0 km。接长改建涵闸 11 座，加固撇洪渠 3 条，扩建、新建电排 3 处
2	昭山段	仰天湖垸 （ZSK0+000～6+250）	加高培厚大堤 4.91 km，新修 1.34 km，堤身防渗处理 2.53 km，堤基防渗处理 0.55 km，护坡护脚 6.25 km。接长改建涵闸 6 座，新建涵闸 1 座，加固撇洪渠 1 条，扩建、新建电排 2 处
3	湘潭段	市区 （XTK6+250～17+600）	加高培厚及新建大堤 11.35 km，堤身防渗处理 2.5 km，堤基防渗处理 1.7 km，护坡护脚 9 km。接长改建涵闸 5 座，新建涵闸 5 座，扩建、新建电排 4 处
	株洲段	株洲城区 （ZZK0+000～9+708） （ZZY0+000～Y3+150）	加高培厚大堤 12.858 km，堤身防渗处理 2.2 km，堤基防渗处理 4 km，护坡护脚 12.21 km。接长改建涵闸 11 座，重建涵闸 2 座，扩建、新建电排 2 处

编号	项目	地点	内容
3		株洲郊区 （ZZK9＋708～20＋379）	加高培厚及新建大堤 10.671 km，堤身防渗处理 4 km，堤基防渗处理 2.95 km，护坡护脚 7.00 km。接长改建涵闸 9 座，重建涵闸 6 座，加固撇洪渠 1 条，扩建、新建电排 2 处
		株洲县 （ZZK20＋379～28＋340）	加高培厚及新建大堤 9.541 km，堤身防渗处理 0.8 km，堤基防渗处理 0.8 km，护坡护脚 4.03 km。接长改建涵闸 10 座，重建涵闸 1 座，加固撇洪渠 1 条，扩建、新建电排 2 处

2.3.1.1 涵闸工程

改建接长涵闸 56 座，新建涵闸 6 座，重建涵闸 9 座，涵闸工程汇总见表 2.3。其中涵洞大多选用直径为 1.0 的圆管涵，少量采用钢筋混凝土盖板涵，见表 2.4。

表 2.3　涵闸工程汇总

城区名	垸名	编号	桩号	闸名	闸孔尺寸（m×m）
长沙	解放垸	1	2＋265	鸭笼子	2×1.2
		2	4＋652	双管子	2.58×1.8
		3	6＋947	中心港	（2孔）2.2×2.2
		4		哑坝	2×2
	南托垸	5	12＋884	瓦翠围	1.0×1.0
		6	13＋764	风车斗	1.31×1.1
		7	14＋120	苏家湖	1×1
		8	14＋650	易家湾	1.2×1.2
		9	14＋690	土砖湖	1×1
		10	15＋889	周公塘	1×1
		11	15＋473	王家坝	1.5×1.5
		12	16＋810	贺公洲	1.15×1.0
		13	17＋884	荷叶塘	1.1×1.0
		14	19＋227	倪家桥	2×1.5
		15	20＋318	大码头	1.15×1.0

城区名	垸名	编号	桩号	闸名	闸孔尺寸（m×m）
昭山	仰天湖垸	16	1+300	金江	（2孔）1.8×1.5
		17	2+839	王家遂	（2孔）1.8×1.2
		18	3+601	横堤	1.8×1.2
		19	4+169	鸟窝	φ0.8
		20	5+008	大托	φ0.3
		21	5+473	沙连坑	φ0.8
		22	6+073	上星塘	φ0.4
湘潭	河东大堤	23	6+602	大庆塘涵闸	1×1
		24	11+678	阳港涵闸	1.2×1.5
		25	12+267	河边村涵闸	1×1
		26	12+790	周家村涵闸	1.3×1.2
		27	13+330	陈家港涵闸	1.1×1.5
		28	13+629	潭家湖	φ0.75
		29	13+866	五里堆	1.4×1.2
		30	14+111	港务码头	5×4
		31	15+384	木鱼湖排水闸	5×4
		32	17+150	烧窑港	5×4
株洲	城区	33	1+300	立雨高排闸	1×1
		34	0+890	韶溪港低涵闸	1.4×1.8
		35	1+248	甘港子低涵闸	0.8×1.2
		36	1+360	甘港子高涵闸	1.2×1
		37	1+795	易家港低涵闸	1.1×1.6
		38	2+766	陈埠港高排闸	1.8×1.5
		39	2+856	陈埠港低涵闸	1.5×1.5
		40	5+810	渡口低涵闸	1.2×1.2
		41	7+725	张家园低涵闸	1.0×1.0
		42	8+210	徐家港低涵闸	1.6×1.6
		43	8+605	上冲低涵闸	φ0.5

城区名	垸名	编号	桩号	闸名	闸孔尺寸（m×m）
株洲	城区	44	10+600	上冲高涵闸	1×1
		45	11+100	麻园涵闸	1.0×1.0
	郊区	46	11+254	长堡高排闸	2.5×2.5
		47	11+453	长堡低涵闸	2×2.5
		48	12+126	高塘高排闸	2孔2.5×2.5
		49	14+379	泉水港低涵闸	2.7×1.7
		50	14+629	合花高排闸	2孔4×4
		51	15+004	小麦港低涵闸	1.2×2.9
		52	15+788	高台岭高排闸	3孔3×3
		53	16+010	月家港低涵闸	1.0×1.3
		54	16+803	王竹港中涵闸	1.4×1.3
		55	17+117	王竹港低涵闸	1.3×1.3
		56	17+655	七〇高排闸	2孔5×4
		57	17+720	石家埠低涵闸	2.5×2.3
		58	18+094	石家埠中排闸	1.35×1.35
		59	20+293	湘胜高排闸	3.2×3.4
		60	20+390	湘胜低排闸	2.5×3.0
	株洲县	61	23+979	胜利高排闸	1.5×1.5
		62	24+053	沧沙涵闸	2×2.7
		63	24+670	龙塘高排闸	2.3×2.5
		64	26+100	长坡低涵闸	2.1×2.1
		65	26+430	城围高排闸	2.1×2
		66	26+840	城围中排闸	1.5×1.2
		67	27+500	童子坡低涵闸	1×1
		68	28+180	霞石高排闸	1.2×1.1
		69	28+150	霞石低涵闸	1.3×1.4
		70	29+670	王家湾高排闸	1.6×1.5
		71	29+682	王家湾低排闸	1.2×1.2

表2.4　涵洞情况一览

序号	结构类型	中心桩号	孔径 (m)	长度 （延米）	进口形式
1	钢筋混凝土盖板涵	K0＋440（长沙）	1-1.5×1.5	16	进口八字翼墙，出口端墙、跌流槽
2	圆管涵	支K0＋100（长沙）	1-φ1.0	14	进口跌水井口八字翼墙
3	圆管涵	支K0＋487（长沙）	1-φ1.0	14	
4	圆管涵	K6＋981（湘潭）	1-φ1.0	14	
5	圆管涵	K7＋540（湘潭）	1-φ1.0	14	
6	圆管涵	K7＋822（湘潭）	1-φ1.0	14	
7	圆管涵	K8＋420（湘潭）	1-φ1.0	30	
8	圆管涵	K8＋870（湘潭）	1-φ1.0	40	
9	圆管涵	K9＋248.7（湘潭）	1-φ1.0	30	
10	圆管涵	K9＋677.3（湘潭）	1-φ1.0	30	
11	圆管涵	K10＋040（湘潭）	1-φ1.0	30	
12	圆管涵	K10＋612（湘潭）	1-φ1.0	30	
13	圆管涵	K10＋800（湘潭）	1-φ1.0	14	
14	圆管涵	K11＋360（湘潭）	1-φ1.0	30	
15	圆管涵	K11＋513（湘潭）	1-φ1.0	20	
16	圆管涵	K21＋324（株洲）	1-φ1.0	30	
17	圆管涵	K25＋442（株洲）	1-φ1.0	20	
18	圆管涵	K28＋720（株洲）	1-φ1.0	20	
19	圆管涵	K29＋320（株洲）	1-φ1.0	20	

2.3.1.2　撇洪渠

撇洪渠共 9 条，其中长沙段的新港、南托港、暮云，昭山段的王家遂及株洲段的包家港等 5 条撇洪渠的堤防按照所处防洪圈的设计洪水标准进行设计，其他撇洪渠的堤防只进行加固及渠道清淤、疏挖。

撇洪渠运行方式如下：

（1）新港撇洪渠入河口不设闸门，渠内水位始终与外河水位一致。

（2）南托港、暮云、王家遂及包家港等 4 条撇洪渠的入河口均设置闸门，当湘江发生洪水而本区域未遇暴雨，湘江水位高于渠内水位时，关上河口闸门防止洪水倒流造成损失；当本区域发生暴雨而湘江没有洪水，渠内水位高于湘江水位时，入河口闸门敞开；当湘江洪水与本区域暴雨相遇时，仍是根据内外水位差进行闸门的开启和关闭，并可有效利用区域内池塘和低洼地等调蓄容量进行错峰运行而将损失降低。

（3）其他撇洪渠的功能相当于自排涵，当湘江发生洪水时，闸门关闭，渠内雨水通过区内相邻泵站抽排至湘江。

2.3.1.3　电排站

扩建、新建电排站 23 处，其共同特点是流量较大，扬程较低且大部分变幅很大，故所选泵型为轴流泵或混流泵。所有泵站出水管外出口装有拍门，或设置防洪闸门，进口设有拦污栅；自排涵闸在出口处均设置防洪闸门，闸门为平面钢闸门。各站规格见表 2.5、表 2.6。

表 2.5 各泵站闸门及启闭机规格

垸名或堤名	泵站名称	闸门尺寸 （m×m）	螺杆启闭机 （台×容量）
解放港	中心港	2.0×2.0	1×10 t
	哑坝	1×1	1×5 t
	双管子	1.0×1.0	1×5 t
	鸭笼子	1.5×1.5	1×5 t
南托垸	张家坝		1×5 t
	谢家坝	1×1	1×5 t
	土砖湖	1.0×1.0	1×5 t
	荷叶塘	1.0×1.0	1×5 t
	倪家桥	1.5×2.0	2×5 t
	暮云	1.5×1.5	1×5 t
昭山	金江	1.8×1.5（2孔）	2×10 t
	王家遂	1.8×2.0（2孔）	1×10 t
湘潭市	五里堆	1.0×1.0	1×5 t
	木鱼湖	2.5×2.5（2孔）	2×10 t
株洲城区	隆兴电排	0.8×0.8	1×5 t
	陈埠港	2.0×2.5	1×10 t
	韶溪港	1.5×1.5	1×5 t
	甘港子	0.8×0.8	1×5 t
株洲郊区	花南	1.5×1.5	1×5 t
	王竹港	1.5×1.5	1×5 t
株洲县	胜塘	2.0×2.5	1×5 t
	沧沙	1.2×1.2	1×5 t

表 2.6　电排站情况

垸名或堤名	泵站名称	装机容量（kW）	水泵型号	变压器容量（台/kVA）	螺杆启闭机（台×容量）
解放港	中心港	5×250	900QZ-75G		1×10 t
	哑坝	3×185	700QZ-72	1/800	1×5 t
	双管子	4×220	900QZ-75G	1/1 250	1×5 t
	鸭笼子	4×160	700QZ-75	1/800	1×5 t
南托垸	张家坝	2×160	700QZ-75	1/400	1×5 t
	谢家坝	2×75	500QH-72G	1/200	1×5 t
	土砖湖	2×110	500QH-72G	1/315	1×5 t
	荷叶塘	4×132	600QH-72	1/800	1×5 t
	倪家桥	5×200	800QZ-75	1/1 250	2×5 t
	暮云	5×200	700QZ-50	1/1 600	1×5 t
昭山	金江	6×560	1300QZ-75		2×10 t
	王家遂	5×220	800QZ-75	1/1600	1×10 t
湘潭市	五里堆	2×132	600QH-72	1/400	1×5 t
	木鱼湖	6×560	1200QH-72		2×10 t
城区	隆兴电排	1/75	500QZ-75G	1/100	1×5 t
	陈埠港	3×250	1000QZ-75		1×10 t
	韶溪港	3×132	600QH-72	1/500	1×5 t
	甘港子	1×75	500QZ-75G	1/100	1×5 t
郊区	花南	2×250	800QH-72		1×5 t
	王竹港	2×160	700QZ-75	1/400	1×5 t
株洲县	胜塘	4×185	900QZ-100	1/1 000	1×5 t
	沧沙	2×132	600QZ-75	1/400	1×5 t

2.3.2 景观道路工程

新修景观道路 71.689 km，工程主要内容见表 2.7。

表 2.7 景观道路工程主要内容

编号	项目	地点	新修景观道路长度 (km)
1	长沙段	解放垸 （CSK0＋000～12＋200）	12.20
		南托垸 （CSK12＋200～21＋731）	9.53
2	昭山段	仰天湖垸（ZSK0＋000～6＋250）	5.83
3	湘潭段	市区 （XTK6＋250～17＋600）	11.35
4	株洲段	株洲城区（ZZK0＋000～9＋708） （ZZY0＋000～Y3＋150）	12.858
		株洲郊区（ZZK9＋708～20＋379）	10.67
		株洲县 （ZZK20＋379～28＋340）	9.541
5	合计		71.979

2.3.3 景观工程

新修长 71.689 km 的道路景观，并设置 36 处景观节点。景观工程主要内容见表 2.8。

表 2.8 景观工程主要内容

编号	项目	地点	景观道路长度及景观节点
1	长沙段	解放垸 （CSK0＋000～12＋200）	景观道路 12.20 km，9 处景观节点
		南托垸（CSK12＋200～21＋731）	景观道路 9.53 km，4 处景观节点
2	昭山段	仰天湖垸（ZSK0＋000～6＋250）	景观道路 5.83 km，2 处景观节点
3	湘潭段	市区（XTK6＋250～17＋600）	景观道路 11.35 km，5 处景观节点
4	株洲段	株洲城区（ZZK0＋000～9＋708） （ZZY0＋000～Y3＋150）	景观道路 12.858 km，8 处景观节点
		株洲郊区（ZZK9＋708～20＋379）	景观道路 10.67 km，2 处景观节点
		株洲县（ZZK20＋379～28＋340）	景观道路 9.541 km，6 处景观节点
5	合计		71.689 km道路景观，36 处景观节点

第3章 城市群防洪体系运营维护标准

3.1 工程维护概念

防洪工程，尤其是堤防工程，在运营过程中，不可避免地要受到各种自然与人为因素的影响，使其功能退化乃至出现病害问题，如果不进行日常养护与及时修理，将可能出现险工险段而导致工程损坏，甚至溃决。

防洪工程维护包括养护和修理两个方面。

养护与修理的概念存在如下区别：

（1）性质不同：养护是在设备完好的状态下进行的预防性的保障作业，是为了保持设备始终处于完好状态；而修理是在设备不能保证正常工作的技术状况下进行的恢复性作业，是为了恢复设备原来的技术指标，达到正常工作状态。

（2）内容不同：养护是以不改变对象性能的清洁、紧固、调整、润滑等作业为内容；而修理则需要修复对象的几何尺寸、性能才能完成。

（3）工艺不同：养护是外部操作或局部解体，不进行部件的鉴定和修复；而修理是总成或全部解体，对所有部件进行鉴定，并按照图纸技术要求修复或更换。

（4）实施原则不同：养护是定期地、强制性地进行（即到期必须进行）；而修理则是按计划、按需要进行。

本指南所指的维护，是经竣工验收后的运营期内，对长株潭城市群境内江河防洪堤及城市景观道路工程的日常养护及修理活动。

3.2 长株潭城市群防洪体系运营维护标准

3.2.1 堤防工程标准

3.2.1.1 防洪标准

长沙市解放垸段、湘潭市段、株洲市段防洪标准为 100 年一遇；长沙市南托垸段、湘潭昭山段、株洲县段防洪标准为 50 年一遇。

3.2.1.2 堤防断面设计标准

根据现行《堤防工程设计规范》，堤顶高程按设计洪水位加堤顶超高确定。堤顶宽度根据规范要求，结合景观道路布置和堤防工程现状确定，不同堤段堤顶宽度分别为 8 m、10.5 m、12 m、22.5 m 等。堤坡根据堤防等级、堤身堤基土体物理力学指标等，结合堤防坡比现状，经稳定计算确定，堤防外坡比为 1∶2.5，内坡比为 1∶2.5。堤高超过 7.0 m 的土堤视需要在内外坡设置平台，平台高度为 2.0 m，平台高程为堤顶以下 5.0 m，平台以下坡比为 1∶2.75。

堤防断面设计资料见表 3.1，堤防横断面示意图见图 3.1。

表 3.1 堤防断面设计资料汇总

区段		桩号	长度（m）	路宽（m）	说明
长沙段	南托垸	0＋000～2＋750	2 750	10.5	新修堤
		2＋750～12＋200	9 250	12	
	解放垸	12＋200～13＋690	1 690	10.5	
		13＋690～14＋850	1 160	12	
		14＋850～20＋870	6 020	10.5	
		20＋870～21＋731	861	8	

区段		桩号	长度 m）	路宽（m）	说明
昭山段		0+000～1+340	1 340	8	新修堤
		1+340～6+250	4 910	8	
湘潭段		6+250～6+706	456	8	新修堤
		12+274～13+525	1 251	12	新修堤
		13+525～13+810	285	12	
		13+810～17+600	3 790	22.5	
株洲段	城区	Y0+000～Y3+150	3 150	12	
		0+000～3+056	3 056	22.5	
		3+056～6+393	3 337	26	
		6+393～9+708	3 315	22.5	
	郊区	9+708～10+509	801	12	
		11+000～16+523	5 523	12	
		16+523～17+523	1 000	10.5	
		17+523～20+379	2 856	8	
	株洲县	20+379～21+360	981	10.5	
		22+000～22+300	300	10.5	
		22+300～24+000	1 700	10.5	新修堤
		25+425～25+520	95	10.5	
		25+720～27+000	1 280	10.5	
		27+270～28+340	1 070	10.5	

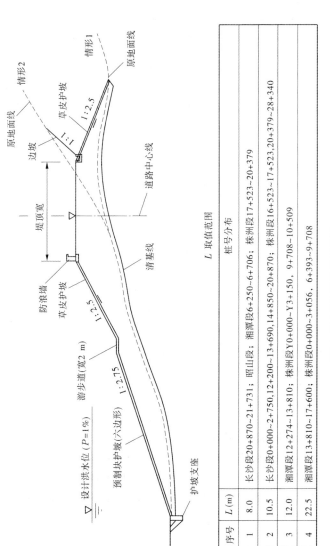

图3.1 堤防横断面设计示意图

L 取值范围

序号	L (m)	桩号分布
1	8.0	长沙段20+870~21+731; 昭山段; 湘潭段6+250~6+706; 株洲段17+523~20+379
2	10.5	长沙段0+000~2+750,12+200~13+690,14+850~20+870; 株洲段16+523~17+523,20+379~28+340
3	12.0	湘潭段12+274~13+810; 株洲段Y0+000~Y3+150, 9+708~10+509
4	22.5	湘潭段13+810~17+600; 株洲段0+000~3+056, 6+393~9+708

3.2.1.3 堤防维护标准

依据相关规范及设计批复文件确定堤防工程的维护标准。

（1）堤顶、前戗、后戗等区域的高程、宽度、坡度等主要技术指标应符合设计或竣工验收时的标准。淤背区、淤临区、前戗、后戗应保持顶面平整，沟、埂整齐，内外缘高差符合设计要求。

（2）沥青混凝土硬化堤顶应保持无积水、无杂物，堤顶整洁，路面无损坏、裂缝、翻浆、脱皮、泛油、龟裂、啃边等现象。

（3）堤肩边埂应达到埝面平整，埝线顺直，无杂草；无堤肩边埂应达到无明显坑洼，堤肩线平顺规整，应植草防护。

（4）防汛物资位置合理，摆放整齐，便于管理与抢险车辆通行，无坍垛、无杂草杂物，垛号、方量等标注清晰。

（5）混凝土堤坡按险工、控导工程养护标准执行。

（6）堤坡（淤区边坡）应保持竣工验收时的坡度，坡面平顺，无残缺、水沟浪窝、陡坎、洞穴、陷坑、杂草杂物，无违章垦殖及取土现象，堤脚线明确。

（7）护堤地要达到地面平整，边界明确，界沟、界埂规整平顺，无违章取土现象，无杂物。

（8）上堤辅道应保持完整、平顺，无沟坎、凹陷、残缺，无蚕食侵蚀堤身现象。

3.2.2 景观道路工程标准

3.2.2.1 景观道路设计标准

景观道路路线以防洪堤为基本走向，城区采用城市次干道一级公路标准，郊县段参照交通三级公路技术标准进行布线，在路堤结合地段，尽量采用防洪大堤作为路基，在堤顶修建路面。堤顶道路主要技术指标见表 3.2，道路横断面设计参考图 3.3。部分已建道路实景见图 3.4。

为满足公路相应的承载能力、耐久性、舒适性、安全性等要求，

（a）堤防临水侧实景图

（b）堤顶实景图

图 3.2　已建堤防实景图

考虑以防洪堤作路基，受洪水侵蚀路基可能会产生不均匀沉降，故全线采用沥青混凝土路面。路面结构层由面层、基层、底基层、垫层组成，可参考图3.5。

表 3.2　堤顶道路主要技术指标

指标名称	单位	城市次干道一级		交通三级公路		
道路等级	km	13.87		55.953		
计算车速	km/h	50		40		
路基宽度	m	22.5	26	8	10.5	12
路线长度	km	10.17	3.34	14.76	22.43	23.11
最小平曲线半径	m	500		50		
最大纵坡坡度	%	0.007 64		2.36		
停车视距	m	60		40		
路面结构		沥青混凝土面层、水泥稳定砂砾基层		沥青混凝土水泥稳定砂砾基层		
车辆荷载		汽车—20级		汽车—20级		

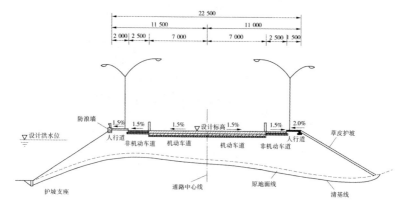

图 3.3　道路（宽 22.5 m）横断面设计示意图

（a）城区道路路面

（b）城郊道路路面

图 3.4 部分已建道路实景图

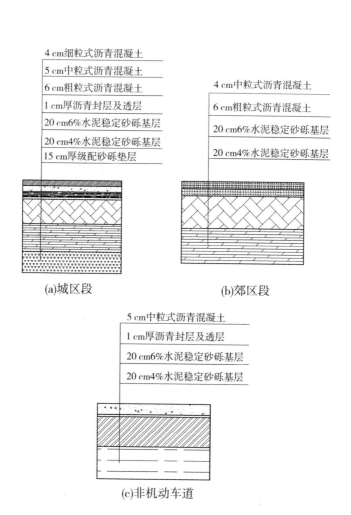

4 cm细粒式沥青混凝土
5 cm中粒式沥青混凝土
6 cm粗粒式沥青混凝土
1 cm厚沥青封层及透层
20 cm6%水泥稳定砂砾基层
20 cm4%水泥稳定砂砾基层
15 cm厚级配砂砾垫层

4 cm中粒式沥青混凝土
6 cm粗粒式沥青混凝土
20 cm6%水泥稳定砂砾基层
20 cm4%水泥稳定砂砾基层

(a)城区段　　　　　(b)郊区段

5 cm中粒式沥青混凝土
1 cm厚沥青封层及透层
20 cm6%水泥稳定砂砾基层
20 cm4%水泥稳定砂砾基层

(c)非机动车道

图 3.5　路面结构层设计图

3.2.2.2　景观道路维护标准

路堤结合段防洪堤即为路基，堤顶路面作为交通道路，其维护标准按照交通工程方面的相关规范或设计批复文件确定。

3.2.3 景观工程标准

（1）景观工程设计标准。景观工程包括新修 71.689 km 道路景观以及 36 处节点景观。景观工程沿江分布的横断面示意图见图 3.6。某已建节点景观实景见图 3.7。

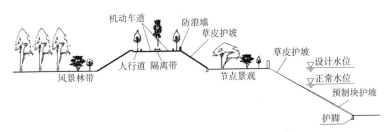

图 3.6 景观工程横断面设计示意图

（a）

图 3.7 某已建节点景观实景

（b）

续图 3.7

（2）景观工程维护标准。由于景观道路两侧绿化带、风景林带、道路中央隔离带，以及各节点景观属于景观工程的主要内容，其维护标准应按照园林或者市政方面的相关规范或设计批复文件确定。

3.2.4　档案资料及管理设施标准

（1）工程管理单位必须建立严格的档案管理制度。档案应包括与堤防工程有关的各项基本资料，各单项工程的可行性研究报告和初步设计报告及相应的审查意见与批复文件，工程竣工验收文件，工程投入使用协议，工程运营养护期间的检查、养护、抢修、监测、大事记、人事更迭、经费收支及奖惩情况等。隐蔽工程的档案应移交给相关的地方堤防或河道管理部门。

（2）本工程的管理设施根据《堤防工程管理设计规范》

（SL 171—96）和《公路工程技术标准》（JTG B 01—2003）共同确定，包括水文观测设施、工程检测设施、管理标志牌、交通及通信设施、防洪抢险设施、生产办公及生活设施、道路交通安全设施、道路交通管理设施、防护设施、停车设施等。各项设施管理必须落实到人，定期维护。其中通信设施作为工程管理的必要手段，应保持畅通，特别是汛期，更要保证通信安全、可靠、及时。

3.3 防洪工程运营维护定额标准

堤防工程、水闸工程、泵站工程按照工程级别和规模划分维护等级，分别制定维护工作（工程）量，以用于水利工程年度日常维护经费预算的编制和核定。超常洪水和重大险情造成的工程修复及工程抢险费用、水利工程更新改造费用及其他专项费用另行申报和核定。

本定额标准为公益性水利工程维修养护定额标准，对同时具有排涝、灌溉等功能的准公益性水闸、泵站工程，按照《水利工程管理单位财务制度（暂行）》的规定，采用工作量比例法划分：

公益部分维修养护经费分摊比例=排水工时/（提水工时+排水工时）

长株潭城市群防洪工程可参照定额标准制定实施细则。

3.3.1 工程维护等级划分

（1）堤防工程维护等级。堤防工程维护等级分为四级九类，划分标准如表 3.3 所示。

长沙市解放垸段、湘潭市段、株洲市段堤防设计防洪标准为100 年一遇，属于 1 级堤防；长沙市南托垸段、昭山段、株洲县段为 50 年一遇，属于 2 级堤防。

表 3.3 堤防工程维护等级划分

堤防工程类别	堤防设计标准堤防维护类别	1级堤防			2级堤防			3级堤防		4级堤防
		一类工程	二类工程	三类工程	一类工程	二类工程	三类工程	一类工程	二类工程	
分类指标	背河堤高 H（m）	$H \geqslant 8$	$8 > H \geqslant 6$	$H < 6$	$H \geqslant 6$	$6 > H \geqslant 4$	$H < 4$	$H \geqslant 4$	$H < 4$	
	堤身断面建筑轮廓线 L（m）	$L \geqslant 100$	$100 > L \geqslant 50$	$L < 50$	$L \geqslant 60$	$60 > L \geqslant 30$	$L < 30$	$L \geqslant 20$	$L < 20$	

注：1.堤防级别按《堤防工程设计规范》（GB 50286—98）确定，凡符合分类指标其中之一者即为该类工程。

2.堤身断面建筑轮廓线长度 L 为堤顶宽度加地面以上临背堤坡长之和，淤区和戗体不计入堤身断面。

（2）水闸工程维护等级。水闸工程维护等级分为八等，划分标准如表 3.4 所示。

昭山仰天湖垸金山电排站设计流量最大，为 28.2 m^3/s，最大孔口面积为 20 m^2，属于小型水闸。

表 3.4 水闸工程维护等级划分

级 别	大型			中型			小型	
等 别	一	二	三	四	五	六	七	八
流量 Q（m^3/s）	$Q \geqslant 10\,000$	$5\,000 \leqslant Q < 10\,000$	$3\,000 \leqslant Q < 5\,000$	$1\,000 \leqslant Q < 3\,000$	$500 \leqslant Q < 1\,000$	$100 \leqslant Q < 500$	$10 \leqslant Q < 100$	$Q < 10$
孔口面积 A（m^2）	$A \geqslant 2\,000$	$800 \leqslant A < 2\,000$	$600 \leqslant A < 1\,100$	$400 \leqslant A < 900$	$200 \leqslant A < 400$	$50 \leqslant A < 200$	$10 \leqslant A < 50$	$A < 10$

注：同时满足流量及孔口面积两个条件，即为该等级水闸。如只具备其中一个条件的，其等级降低一等。水闸流量按校核过闸流量大小划分，无校核过闸流量，以设计过闸流量为准。

（3）泵站工程维护等级。泵站工程维护等级分为五等，划分标准如表3.5所示。

表3.5　泵站工程维护等级划分

级　别	大型站	中型站			小型站
等　别	一	二	三	四	五
装机容量 (kW)	$P \geqslant 10\,000$	$5\,000 \leqslant P < 10\,000$	$1\,000 \leqslant P < 5\,000$	$100 \leqslant P < 1\,000$	$P < 100$

3.3.2　防洪工程定额标准项目构成

3.3.2.1　堤防工程维护定额标准项目

堤防工程维护定额标准项目包括堤顶维护、堤坡维护、附属设施维护、堤防隐患探测、防浪林养护、护堤林带养护、淤区维护、前（后）戗维护、备防石整修、管理房维护、害堤动物防治、防浪（洪）墙维护等。

（1）堤顶维护内容包括堤顶养护土方、边埂整修、堤顶洒水、堤顶刮平和堤顶行道林维护。

（2）堤坡维护内容包括堤坡养护土方、排水沟维护、上堤路口维护和草皮养护及补植。

（3）附属设施维护内容包括标志牌（碑）维护和护堤地边埂整修。

（4）堤防隐患探测内容包括普通探测和详细探测。

3.3.2.2　水闸工程维护定额标准项目

水闸工程维修定额标准项目包括水工建筑物维护、闸门养护、启闭机维护、机电设备维护、附属设施维护、物料动力消耗、闸室清淤、白蚁防治、自动控制设施维护和自备发电机组维护。

（1）水工建筑物维护内容包括养护土方、砌石护底维护、防冲设施破坏抛石处理、反滤排水设施维护、出水底部构件养护、混凝土破损修补、裂缝处理和伸缩缝填料填充。

（2）闸门维护内容包括止水更换和闸门维护。

（3）启闭机维护内容包括机体表面防腐处理、钢丝绳维护和传(制)动系统维护。

（4）机电设备维护内容包括电动机维护、操作设备维护、配电设备维护、输变电系统维护和避雷设施维护。

（5）附属设施维护内容包括机房及管理房维护、闸区绿化、护栏维护。

（6）物料动力消耗内容包括水闸运行及维护消耗的电力、柴油、机油和黄油等。

3.3.2.3 泵站工程维护定额标准项目

泵站工程维护定额标准项目包括机电设备维护、辅助设备维护、泵站建筑物维护、附属设施维护、物料动力消耗、检修闸维护、自备发电机组维护和自动控制设施维护。

（1）机电设备维护内容包括主机组维护、输变电系统维护、操作设备维护、配电设备维护和避雷设施维护。

（2）辅助设备维护内容包括油气水系统维护、拍门拦污栅等维护和起重设备维护。

（3）泵站建筑物维护内容包括泵房维护、砌石护坡挡土墙维护、进出水池清淤和进水渠维护。

（4）附属设施维护内容包括管理房维护、站区绿化、围墙护栏维护。

（5）物料动力消耗内容包括泵站维护消耗的电力、汽油、机油和黄油等。

3.3.2.4　涵洞工程维护定额标准项目

涵洞工程维护定额标准项目包括主体建筑物维护及涵洞（隧洞）清淤。主体建筑物维护内容包括土方养护、浆砌石破损修补、拦污栅维护、混凝土破损修补、裂缝处理、止水维护。

3.3.3　防洪工程维护工作（工程）量

（1）堤防工程维护工作（工程）量。堤防工程维护项目工作（工程）量，以1 000 m长度的堤防为计算基准。维护项目工作（工程）量按表3.6执行。调整系数按表3.7执行。

表3.6　堤防工程维护项目工作（工程）量

编号	项目	单位	1级堤防			2级堤防			3级堤防		4级堤防
			一类	二类	三类	一类	二类	三类	一类	二类	
	合计										
一	堤顶维护										
1	堤顶土方养护	m³	500	450	400	350	325	300	150	120	90
2	边埂整修	工日	47	47	47	21	21	21			
3	堤顶洒水	台班	4	4	3	2	2	1	1	1	
4	堤顶刮平	台班	9	7	5	5	4	2	3	2	2
5	堤顶行道林养护	株	667	667	667	667	667	667	667	667	667
二	堤坡维护										
1	堤坡土方养护	m³	639	559	479	383	320	256	128	96	96
2	排水沟翻修	m	61	44	38						
3	上堤路口土方养护	m³	34	12	9	10	9	5	5	2	2
4	草皮养护及补植										
（1）	草皮养护	hm²	506	443	380	380	316	253	253	190	190
（2）	草皮补植	hm²	25	22	19	19	16	13	13	9	9

续表 3.6

编号	项目	单位	1级堤防			2级堤防			3级堤防		4级堤防
			一类	二类	三类	一类	二类	三类	一类	二类	
	合计										
三	附属设施维护										
1	标志牌(碑)维护	个	22	22	22	17	17	17	7	7	5
2	护堤地边埂整修	台班	21	21	21	21	21	21	21	21	21
四	堤防隐患探测										
1	普通探测	m	100	100	100	70	70	70			
2	详细探测	m	10	10	10	7	7	7			
五	防浪林养护	m²	按实有数量								
六	护堤林带养护	m²	按实有数量								
七	淤区维修养护	m²	按实有数量								
八	前(后)戗维护	m²	按实有数量								
九	土牛维护	m³	按实有数量								
十	备防石整修	工日	按实有数量								
十一	管理房维修	m²	按实有数量								
十二	害堤动物防治	hm²	按实有数量								

表 3.7 堤防工程维护项目工作（工程）量调整系数

编号	影响因素	基准	调整对象	调整系数
1	堤身高度	各级堤防基准高度分别为 8 m、7 m、6 m、6 m、5 m、4 m、4 m、3 m 和 3m	堤坡养护	每增减 1 m，系数相应增减分别为 1/8、1/7、1/6、1/6、1/5、1/4、1/4、1/3 和 1/3
2	土质类别	壤性土质	维护项目	黏性土质系数调减 0.2
3	无草皮土质护坡	草皮护坡	草皮养护及补植	去除该维修养护项目
4	年降水量变差系数 C_v	0.15～0.3	维护项目	≥0.3 系数增加 0.05，<0.15 系数减少 0.05

（2）水闸工程维护工作（工程）量。水闸工程维护项目工作（工程）量，以各等别水闸工程平均流量（下限及上限）、平均孔口面积（下限及上限）、孔口数量为计算基准，计算基准见表3.8。

水闸工程维护项目工作（工程）量按表3.9执行，调整系数按表3.10执行。

表3.8 水闸工程计算基准

级别	大型				中型		小型	
等别	一	二	三	四	五	六	七	八
流量 Q （m³/s）	10 000	7 500	4 000	2 000	750	300	55	10
孔口面积 A(m²)	2 400	1 800	910	525	240	150	30	10
孔口数量(孔)	60	45	26	15	8	5	2	1

表3.9 水闸工程维护项目工作（工程）量

编号	项目	单位	大型				中型		小型	
			一	二	三	四	五	六	七	八
	合计									
一	水工建筑物维护									
1	土方养护	m³	300	300	250	250	150	150	100	100
2	砌石护坡勾缝修补	m²	936	792	570	368	224	128	88	49
3	砌石护坡翻修石方	m³	70	59	43	28	17	10	7	4
4	防冲设施破坏抛石处理	m³	30	22.5	13	6	3.2	2	1.5	1

编号	项 目	单位	大型				中型		小型	
			一	二	三	四	五	六	七	八
5	反滤排水设施维护	m	180	135	78	36	16	10	8	5
6	出水底部构件养护	m²	300	225	130	60	40	25	20	10
7	混凝土破损修补	m²	432	324	163.8	94.5	43.2	27	5.4	1.8
8	裂缝处理	m²	720	540	273	157.5	72	45	9	3
9	伸缩缝填料填充	m	15	15	12	12	10	9	4	2
二	闸门维修养护									
1	止水更换	m	653	490	283	163	71	44	12	6
2	闸门防腐处理	m²	2 400	1 800	910	525	240	150	30	10
三	启闭机维护									
1	机体表面防腐处理	m²	1 800	1 350	676	390	176	100	24	9
2	钢丝绳维护	工日	600	450	260	150	80	50	20	10
3	传(制)动系统维护	工日	480	360	208	120	64	40	16	8
4	配件更换	更换率	按启闭机资产的 1.5% 计算							
四	机电设备维护									
1	电动机维护	工日	540	405	234	135	72	45	18	9
2	操作设备维护	工日	360	270	156	90	48	30	12	6
3	配电设备维护	工日	168	141	76	56	36	23	14	12
4	输变电系统维护	工日	288	228	140	96	62	50	20	10
5	避雷设施维护	工日	24	22.5	15	13.5	6	6	3	3

编号	项目	单位	大型				中型		小型	
			一	二	三	四	五	六	七	八
6	配件更换	更换率	按机电设备资产的 1.5%计算							
五	附属设施维护									
1	机房及管理房维护	m²	612	522	378	330	252	120	66	42
2	闸区绿化	m²	1 500	1 500	1 350	1 350	900	750	225	150
3	护栏维护	m	900	900	800	600	500	500	150	100
六	物料动力消耗									
1	电力消耗	kWh	45 662	39 931	29 679	25 402	19 179	15 371	2 343	483
2	柴油消耗	kg	7 200	5 408	3 360	1 440	800	440	176	60
3	机油消耗	kg	1 080	811.2	504	216	120	66	26.4	9
4	黄油消耗	kg	1 000	800	700	600	400	200	100	50
七	闸室清淤	m³	按实有工程量计算							
八	白蚁防治	m²	按实有面积计算							
九	自动控制设施维护	维修率	按自动控制设施资产的 5%计算							
十	自备发电机组维护	kW	按实有功率计算							

表3.10 水闸工程维护项目工作（工程）量调整系数

编号	影响因素	基准	调整对象	调整系数
1	孔口面积	一至八等水闸计算基准孔口面积分别为 2 400 m^2、1 800 m^2、910 m^2、525 m^2、240 m^2、150 m^2、30 m^2 和 10 m^2	闸门维护	按直线内插法计算，超过范围按直线外延法
2	孔口数量	一至八等水闸计算基准孔口数量分别为 60孔、45孔、26孔、15孔、8孔、5孔、2孔和1孔	闸门和启闭机维护	一至八等水闸每增减 1 孔，系数分别增减 1/60、1/45、1/26、1/15、1/8、1/5、1/2、1
3	设计流量	一至八等水闸计算基准流量分别为 10 000 m^3/s、7 500 m^3/s、4 000 m^3/s、2 000 m^3/s、750 m^3/s、300 m^3/s、55 m^3/s 和 10 m^3/s	水工建筑物维护	按直线内插法计算，超过范围按直线外延法
4	启闭机类型	卷扬式启闭机	启闭机维护	螺杆式启闭机系数减少 0.3，油压式启闭机系数减少 0.1
5	闸门类型	钢闸门	闸门维护	混凝土闸门系数调减 0.3，弧形钢闸门系数增加 0.1
6	接触水体	淡水	闸门及水工建筑物	海水系数增加 0.1

编号	影响因素	基准	调整对象	调整系数
7	严寒影响	非高寒地区	闸门及水工建筑物	高寒地区系数增加 0.05
8	运用时间	启闭机年运行 24 h	物料动力消耗	启闭机运行时间每增加 8 h, 系数增加 0.2
9	流量小于 10 m³/s 的水闸	10 m³/s	八等水闸维护项目	5 m³/s ≤ Q < 10 m³/s, 系数调减 0.59; 3 m³/s ≤ Q < 5 m³/s, 系数调减 0.71; 1 m³/s ≤ Q < 3 m³/s, 系数调减 0.84。上述 3 个流量段计算基准流量分别为 7 m³/s、4 m³/s 和 2 m³/s, 同一级别其他值采用内插法或外延法取得

（3）泵站工程维护工作（工程）量。泵站工程维护项目工作（工程）量以各等别泵站工程平均装机容量(下限及上限)为计算基准，计算基准见表3.11，泵站工程维护项目工作（工程）量按表3.12执行，调整系数按表3.13执行。

表 3.11 泵站工程计算基准

级别	大型站	中型站			小型站
等别	一	二	三	四	五
总装机容量 P（kW）	10 000	7 500	3 000	550	100

表 3.12　泵站工程维护项目工作（工程）量

编号	项目	单位	大型站	中型站			小型站
			一	二	三	四	五
	合 计						
一	机电设备维护						
1	主机组维护	工日	1 854	1 390	556	134	36
2	输变电系统维护	工日	197	172	108	52	25
3	操作设备维护	工日	527	328	131	56	34
4	配电设备维护	工日	618	464	185	44	12
5	避雷设施维护	工日	22	19	11	7	2
6	配件更换	更换率	按机电设备资产的 1.5% 计算				
二	辅助设备维护						
1	油气水系统维护	工日	798	581	240	100	58
2	拍门拦污栅等维护	工日	106	79	32	22	15
3	起重设备维护	工日	69	52	21	13	8
4	配件更换	更换率	按辅助设备资产的 1.5% 计算				
三	泵站建筑物维护						
1	泵房维护	m²	1 560	1 260	960	224	72
2	砌石护坡挡土墙维护						
(1)	勾缝修补	m²	336	296	220	158	80

编号	项目	单位	大型站	中型站			小型站
			一	二	三	四	五
(2)	损毁修复	m³	25	22	17	12	6
3	进出水池清淤	m³	8 100	7 500	6 000	1 500	300
4	进水渠维护	m²	23 040	19 456	13 000	6 600	4 032
四	附属设施维护						
1	管理房维护	m²	432	360	144	72	36
2	站区绿化	m²	1 620	1 350	720	270	225
3	围墙护栏维护	m	810	720	630	120	80
五	物料动力消耗						
1	电力消耗	kWh	11 470	9 356	4 829	3 018	1 509
2	汽油消耗	kg	270	195	108	21	6
3	机油消耗	kg	180	120	72	21	6
4	黄油消耗	kg	216	150	96	24	7
六	检修闸维护	个	按实有数量计算				
七	自动控制设施维护	维修率	按自动控制设施资产的5%计算				
八	自备发电机组维护	kW	按实有功率计算				

泵站工程维修养护项目工作（工程）量调整系数按表3.13执行。

表 3.13　泵站工程维护项目工作（工程）量调整系数

编号	影响因素	基准	调整对象	调整系数
1	装机容量	一至五等泵站计算基准装机容量分别为 10 000 kW、7 500 kW、3 000 kW、550 kW 和 100 kW	维护项目	按直线内插法计算，超过范围按直线外延法
2	严寒影响	非高寒地区	泵站建筑物	高寒地区系数增加 0.05
3	水泵类型	混流泵	主机组检修	轴流泵系数增加 0.1

第4章　长株潭城市群堤防工程管理体系

4.1　管理机构设置

4.1.1　堤防工程管理单位设置

根据《中华人民共和国水法》、《中华人民共和国防洪法》、《中华人民共和国河道管理条例》等国家和地方有关法律法规，堤防工程应实行按水系统一管理和行政区划分级管理相结合的管理体制。

长株潭湘江防洪大堤及景观工程属于跨县（市）级行政区划管辖的 1、2 级堤防工程，根据工程管理需要，可设置地（市）、县、乡三级管理机构。三市、县（区）水行政主管部门是本行政区域内堤防建设管理的行政主管机关，根据需要建立的堤防管理机构，归各级水利部门领导。下设各堤防工程运营维护单位，通过制定工程运营维护管理职责、内容与方法，使工程管理向正规化、制度化、规范化、信息化发展，不断提高工程管理水平，使工程充分发挥效益。

长株潭城市群湘江改扩建工程中，防洪大堤长 72.4 km，依据国家相关法律法规及规范性文件的规定，建成后的堤防工程应移交给长株潭三市水利部门维护管理。由于本工程既是所在城市的一条防洪一线干堤，也是连通三市的休闲旅游生态经济带，管理维护责任重大。为确保工程正常运行，必须成立专门的工程管理机构，独立行使管理职能。

各堤段基层管理单位应加强彼此间日常信息交流与业务沟通。

对管辖段边界处相邻堤段，更应提高维护养护质量，加强汛期信息交流，明确责任，制定切实可行的管理制度，确保堤防工程安全。

各级堤防管理单位应依据国家、地方有关法律法规，并充分考虑长株潭湘江堤防管理单位定编定岗设置现状，进行单位、岗位设置，表4.1可供参考。

表4.1　堤防各级单位管理范围情况

堤段所属行政区域			道路长度（km）		管辖范围堤防桩号
一级	二级	三级	防洪道路	景观道路	
长沙市	天心区	解放垸	21.731	21.438	CSK0+000~12+200
		南托垸			CSK12+200~21+731
湘潭市	岳塘区	仰天湖垸	6.25	5.831	ZSK0+000~6+250
		河东大堤	11.35	11.35	XTK6+250~17+600
株洲城	天元区	株洲城区	12.858	12.858	ZZK0+000~9+708 ZZY0+000~Y3+150
		株洲郊区	10.671	10.671	ZZK9+708~20+379
	株洲县	雷打石镇	9.541	9.541	ZZK20+379~28+340

4.1.2　堤防工程管理单位岗位设置

4.1.2.1　堤防工程管理单位岗位类别及名称

参照国内现行经验，依据各堤防管理单位等级及管理对象的实际情况，设置堤防工程各管理单位岗位，表4.2供参考。

表 4.2 堤防工程管理单位岗位类别及名称

序号	岗位类别	岗位名称
1	单位负责类	单位负责岗位
2		技术总负责岗位
3	行政管理类	行政事务负责与管理岗位
4		文秘与档案管理岗位
5		人事劳动教育管理岗位
6		安全生产管理岗位
7	技术管理类	工程技术管理负责岗位
8		堤防工程技术管理岗位
9		穿堤闸涵工程技术管理岗位
10		堤岸防护工程技术管理岗位
11		信息和自动化管理岗位
12		防汛调度岗位
13		汛情分析岗位
14	财务与资产管理类	财务与资产管理负责岗位
15		财务与资产管理岗位
16		会计岗位
17		出纳岗位
18	运行类	运行负责岗位
19		堤防及堤岸防护工程巡查岗位
20		穿堤闸涵工程运行岗位
21		通信设备运行岗位
22		防汛物资保管岗位
23	观测类	堤防及穿堤闸涵工程监测岗位
24		堤岸防护工程探测岗位
25		河势与水（潮）位观测岗位

4.1.2.2 主要岗位职责

1）单位负责岗位主要职责

（1）贯彻执行国家的有关法律、法规、方针政策及上级主管部门的决定、指令。

（2）全面负责行政、业务工作，保障工程安全，充分发挥工程效益。

（3）组织制定和实施单位的发展规划及年度工作计划，建立健全各项规章制度，不断提高管理水平。

（4）推动科技进步和管理创新，加强职工教育，提高职工队伍素质。

2）技术总负责岗位主要职责

（1）贯彻执行国家的有关法律、法规和相关技术标准。

（2）全面负责技术管理工作，掌握工程运行状况，保障工程安全和效益发挥。

（3）组织制订、实施科技发展规划与年度计划。

（4）组织制订工程调度运用方案、工程的除险加固、更新改造和扩建建议方案；组织制订工程养护修理计划，组织或参与工程验收工作；指导防洪抢险技术工作。

（5）组织工程设施的一般事故调查处理，提出或审查有关技术报告；参与工程设施重大事故的调查处理。

（6）组织开展水利科技开发和成果的推广应用，指导职工技术培训、考核及科技档案工作。

3）工程技术管理负责岗位主要职责

（1）贯彻执行国家有关的法律、法规和相关技术标准。

（2）负责工程技术管理，掌握工程运行状况，及时处理主要技术问题。

（3）组织编制并落实工程管理规划、年度计划及防汛方（预）案。

（4）负责组织工程的养护修理及质量监管等工作并参与工程验收。

（5）负责工程除险加固、更新改造及扩建项目立项申报的相关工作，参与工程实施中的有关管理工作。

（6）组织技术资料收集、整编及归档工作。

（7）负责防汛指挥办事机构的日常工作。

4）堤防工程技术管理岗位主要职责

（1）遵守国家有关河道堤防工程管理的法律、法规和相关技术标准。

（2）承担堤防工程技术管理工作。

（3）参与编制工程管理规划、年度计划及养护修理计划。

（4）掌握堤防工程运行状况，承担堤防工程观测等技术工作。

5）穿堤闸涵工程技术管理岗位主要职责

（1）遵守国家有关法律、法规和相关技术标准。

（2）承担穿堤闸涵工程技术管理工作。

（3）参与编制工程管理规划、年度计划及养护修理计划。

（4）掌握穿堤闸涵工程运行状况，承担穿堤闸涵工程运行、观测技术工作。

6）信息和自动化管理岗位主要职责

（1）遵守国家有关信息和自动化方面的法律、法规和相关技术标准。

（2）承担通信（预警）系统、闸门启闭机集中控制系统、自动化观测系统、防汛决策支持系统及办公自动化系统等管理工作。

（3）处理设备运行、维护中的技术问题。

（4）参与工程信息和自动化系统的技术改造工作。

7）防汛调度岗位主要职责

（1）贯彻执行国家有关防汛方面的法律、法规和上级主管部门的决定、指令。

（2）承担防汛调度工作。

（3）承担防汛技术工作，编制防汛方（预）案和抢险方案。

（4）及时掌握水情、工情、险情和灾情等防汛动态。

（5）检查、督促、落实各项防汛准备工作。

（6）负责并承办防汛宣传和防汛抢险技术培训工作。

8）堤防及堤岸防护工程巡查岗位主要职责

（1）遵守规章制度和作业规程。

（2）承担堤防及堤岸防护工程的巡视、检查工作，作好记录，发现问题及时报告或处理。

（3）参与害堤动物防治工作。

（4）参与防汛抢险工作。

9）穿堤闸涵工程运行岗位主要职责

（1）遵守规章制度和操作规程。

（2）按调度指令进行穿堤闸涵工程的运行，作好运行记录。

（3）承担穿堤闸涵工程附属的机电、金属结构设备的维护工作，及时处理常见故障。

10）防汛物资保管岗位主要职责

（1）遵守规章制度和有关规定。

（2）承担防汛物资的保管工作。

（3）定期检查所存物料、设备，保证其安全和完好。

（4）及时报告防汛物料及设备的储存和管理情况。

11）堤防及穿堤闸涵工程监测岗位主要职责

（1）遵守各项规章制度和操作规程。

（2）承担堤防及闸涵工程观测及隐患探测工作，及时记录、整理观测资料。

（3）参与观测资料分析及隐患处理等工作。

（4）维护和保养观测及探测设施、设备、仪器。

4.2 堤防工程管理范围

为保证长株潭湘江堤防工程的安全和正常运行，充分发挥工程效益，需确定堤防工程的管理范围，作为运营维护管理的依据。该范围的明确具有十分重要的意义，是堤防管理部门实施管理权限的基本条件，也是与管理部门的职责、责任等密不可分的重要内容与基础。

根据《中华人民共和国水法》、《中华人民共和国防洪法》、《中华人民共和国河道管理条例》等国家法律法规，以及《湖南省实施〈中华人民共和国河道管理条例〉办法》、《湘江湘潭段河道管理办法》、《株洲市城区河道管理办法》等地方管理规定，堤防工程管理范围为：

（1）湘江株洲城区段为湘江干流左右岸堤防背水坡脚向外水平延伸 10~50 m 的陆域；

（2）湘江湘潭段堤防管理范围为背水坡脚向外水平延伸 30 m，城市堤段为 10 m；

（3）湘江长沙城区段、株洲县段、湘潭县段堤防管理范围，按照规划或者设计批复文件，没有的话按照国家和地方有关法律法规的相关规定，以确定其堤防工程管理范围。

4.3 堤防工程保护范围

根据堤防的重要程度、堤基土质条件等，依据《堤防工程设计管理规范》（SL 171—96）中3.2.1及3.2.2条规定，在堤防工程背水侧紧邻护堤地边界线以外，应划定一定的区域，作为工程保护范围。堤防工程临水侧的保护范围，应按照国家颁布的《中华人民共和国河道管理条例》有关规定执行。

依据设计资料，长株潭湘江堤防工程保护范围为：

（1）背水侧为管理范围以外100 m范围之内；临水侧优先采用河道管理部门经上级批准的堤防安全保护范围，如无此保护范围规定，则按管理范围以外100 m范围内规定。其他工程及建筑物为管理范围以外20 m范围之内。

（2）特殊区段视具体情况而定，城区建筑物密集带不再考虑加设保护范围。

4.4 堤防工程管理标准

防洪堤的运营维护管理，可分成日常管理、安全管理、组织管理、经济管理四个方面。

4.4.1 日常管理标准

堤防工程日常管理标准见表4.3。

表4.3 堤防工程日常管理标准

序号	管理项目		管理标准	相关文档
1	日常养护		（1）管理责任和责任人明确，巡查日志规范； （2）管理技术操作规程健全，按章操作； （3）定期进行检查、养护，记录规范； （4）按规定及时上报有关报告、报表	（1）工程管理责任制相关文件； （2）日常巡查记录、问题报告与处理情况记录； （3）养护修理记录； （4）堤防工程及穿堤建筑物巡查、养护细则及建筑物操作规程； （5）维修档案； （6）工程观测整编资料与分析报告； （7）管理现代化规划与实施情况报告
2	堤身		（1）堤身断面、护堤地保持设计或竣工验收尺度； （2）堤身线直、弧圆，堤坡平顺； （3）堤身无裂缝、无冲沟、无洞穴、无杂物垃圾堆放	
3	堤顶道路		（1）堤顶（后戗、防汛路）路面满足防汛抢险通车要求； （2）路面完整、平坦，无坑、无明显凹陷和波状起伏，雨后无积水	
4	护岸工程		（1）护坡、护岸、护脚等无缺损、无坍塌、无松动； （2）防汛等备料堆放整齐，位置合理	
5	穿堤建筑物		（1）穿堤建筑物（桥梁、涵闸、各类管线等）符合安全运行要求； （2）涵闸等金属结构及启闭设备养护良好、运转灵活，混凝土无老化、破损现象； （3）堤身与建筑物连结可靠，结合部无隐患、无渗透现象	
6	附属设施	工程观测	（1）按要求对规定项目进行观测； （2）观测资料及时分析，整编成册； （3）观测设施完好率高	
		标志标牌	各类工程管理标志、标牌（里程桩、禁行杆、分界牌、警示牌、险工段及工程标牌、工程简介牌等）齐全、醒目、美观	
		排水系统	按规定各类工程排水沟、减压井、排渗沟齐全、畅通，沟内杂草、杂物清洗及时，无堵塞、破坏现象	

序号	管理项目		管理标准	相关文档
7	景观设施	交通景观	（1）除满足抗洪抢险或防汛，以及交通与车辆管理要求外，路面养护还应满足设计方面关于景观道路的要求；（2）隔离带、堤顶公路两侧草皮等养护及时、规范，满足设计要求	同上
		景观绿化	（1）工程管理范围内宜绿化面积中绿化覆盖率达95%以上； （2）树、草种植合理，宜植防护林的地段形成生物防护体系； （3）堤坡草皮整齐，无高秆杂草； （4）堤肩草皮（有堤肩边埂的除外）每测宽 0.5 m以上； （5）林木缺损率小于 5%，无病虫害	
		附属设施	交通景观附属设施养护及时、规范	
8	管理现代化		（1）有管理现代化发展规划和实施计划； （2）积极引进、推广使用管理新技术； （3）引进、研究开发先进管理设施，改善管理手段，增加管理科技含量；工程观测、监测自动化程度高； （4）积极应用管理自动化、信息化技术； （5）系统运行可靠，设备管理完好、利用率高	

4.4.2 安全管理标准

堤防工程安全管理标准见表 4.4。

表 4.4 堤防工程安全管理标准

序号	管理项目		管理标准	相关文档
1	工程标准		河道堤防工程达到设计防洪（或竣工验收）标准	（1）堤防管理范围内建设项目有关文件、资料；
2	确权划界		（1）按规定划定堤防工程的管理范围及工程管理和保护范围，划界图纸资料齐全； （2）工程管理范围边界标识齐全、明显	（2）防汛责任落实文件、防汛办事机构成立文件、值班制度及值班记录； （3）河道防洪预案、主要险工段抢险预案；
3	管理培训		（1）定期组织学习培训，领导和执法人员熟悉相关法规，做到依法管理； （2）标语、标牌醒目，对其他涉河涉堤活动依法进行管理； （3）配合有关部门进行有效保护和监督，手续、资料齐全、完备，执法规范	（4）汛前检查报告、汛期巡查报告、险情报告与处理情况报告、防汛指挥图、调度运用计划图表及险工险段、物资调度等图表； （5）河道流域图、险工段示意图及抢险方案；
4	防汛	防汛组织	（1）防汛责任制落实，防汛岗位责任制明确； （2）防汛办事机构健全； （3）正确执行经批准的汛期调度运用计划； （4）抢险队伍落实到位	（6）防汛物质管理制度与物资调拨记录； （7）堤防险工隐患报告、加固计划等； （8）防汛总结报告； （9）河道堤防设计或竣工验收有关资料

序号	管理项目		管理标准	相关文档
4	防汛	防汛准备	（1）做好汛前防汛检查； （2）编制防洪预案，落实各项度汛措施； （3）重要险工险段有抢险预案； （4）各种基础资料齐全，各种图表（包括防汛指挥图、调度运用计划图表及险工险段、物资调度等图表）准确规范	同上
		防汛物料	（1）防汛器材、设备、料物有专人管理，管理规范； （2）完好率符合有关规定且账务相符，无菌变、无丢失	
	工程抢险及除险加固	工程抢险	（1）汛期按规定寻堤查险，有记录； （2）险情发现时，报告准确； （3）抢险方案落实，险情抢护及时，措施得当	
		除险加固	（1）对堤防进行有计划的隐患探查，工程险点隐患情况清楚，根据隐患探查结果编写分析报告，并及时报上级主管部门； （2）有相应的除险加固规划或计划，对不能及时处理的险点隐患要有度汛措施和预案	

4.4.3 组织管理标准

堤防工程组织管理标准见表 4.5。

表 4.5 堤防工程组织管理标准

序号	管理项目	管理标准	文件资料
1	管理体制和运行机制	（1）管理体制顺畅，管理权限明确； （2）人员合理安置，建立竞争机制，实行竞聘上岗； （3）建立合理、有效的分配激励机制	（1）管理单位批复成立文件； （2）单位体制改革有关批复文件； （3）单位竞争上岗、分配激励有关文件、资料； （4）管理单位岗位设置文件、职工资质证书； （5）职工培训计划与落实资料； （6）各项规章制度文件与每年总结资料； （7）档案管理资质、制度、软件、记录等
2	机构设置和人员配备	（1）管理机构设置和人员编制有批文，岗位设置合理； （2）按规定标准配备人员，技术工人经培训持证上岗； （3）单位有职工培训计划并按计划落实实施； （4）管理单位领导班子团结，职工敬业爱岗； （5）管理用房及配套设施完善，管理有序； （6）单位内部秩序良好，遵纪守法	
3	规章制度	（1）建立健全并不断完善各项管理规章制度，包括人事劳动制度、学习培训制度、岗位责任制度、请示报告制度、检查报告制度、事故处理报告制度、工作总结制度、工作大事记制度等； （2）关键岗位制度明示，各项制度落实，执行效果好	
4	档案管理	档案管理制度健全，有专人管理，档案设施齐全、完好；各类工程建档立卡，图表资料等规范齐全，分类清楚，存放有序，按时归档；档案管理获档案主管部门认可或取得档案管理单位等级证书	

4.4.4 经济管理

经济管理目标如下：

（1）维修养护、运行管理等费用来源渠道畅通，经费及时足额到位；

（2）有主管部门批准的年度预算计划；

（3）开支合理，严格执行财务会计制度，无违规违纪行为；

（4）人员工资及时足额兑现；

（5）按有关规定收取各种费用。

4.5 堤防工程维护管理制度

堤防管理单位可依据客观情况，参考、借鉴省内外相关堤防管理单位卓有成效的管理制度。堤防维护管理制度建设的主要内容有以下几点。

4.5.1 建立健全维护管理机制

堤防管理工作实行日常管理与日常养护相结合的原则。

（1）各维护单位要按照管养分离和市场化运作的总体要求，组建一支既符合实际需要，又适应市场化运作的维护队伍。

（2）按照属地管理的原则，实行分段负责河道堤防管护人员，实行绩效与人员工资及管养费用直接挂钩。

（3）严格坚持日考勤制度和请销假制度，做到无旷工、迟到、早退等现象，否则按照有关规定进行处理。发生安全生产事故，按国家和单位有关规定执行。

4.5.2 规范程序、明确责任

（1）各区（县）堤防管理所是承担堤防维护管理任务的主体，对工作人员分工负责并督促指导其工作。

（2）各维护单位要严格按照堤防维护标准，切实规范维护程序，明确维护任务，并将每个堤段、每处建筑物的维护任务严格落实到人、到时段，各维护单位要在每年 2 月底前将各自的维护具体方案和岗位责任制以及护堤人员花名册报相应的上级单位备案。

4.5.3 严格工程维护验收管理

工程维护全部实行合同管理，并严格按验收考核结果兑现奖罚。

依据考评结果，对优秀等次及以上的给予精神奖励和一定的物质奖励，对不合格等次采取责令维护单位在一定期限内彻底返工后再补充验收，并相应扣减 10% 的维护费；对一年中两次验收不合格或者补充验收仍不合格的单位，终止其维修养护权，另择维护单位。

4.5.4 量化考核工程维护质量

（1）各管护人员必须坚持日常检查。堤防维护按照一周一巡查、一月一检查、一季一验收、一年一总评的方式，分堤段实行百分制量化考核。考核表格可参考表 4.6、表 4.7。

（2）量化考核由工程管理科组织检查考评专班，依据每月 5 日前各堤防管理所上报的当月堤防管理计划和堤防管理百分制考核标准，分堤外、堤内、堤面三个组进行检查。在当月底至次月初，专班按考核评分标准，对照量化打分，评出名次。合格分为 93 分。要求透明度高，有评分理由。

（3）当月量化考核结果记入各段档案，对合格（含合格）以上的管理段，由工程管理科出具考核证明，经分管领导签字后到财务室按规定领取月包干堤防管养费。对限期整改不到位的单位，视其情节扣发该段当月 30% 以上堤防管养费用，并予以通报批评。

（4）各管理段正副职负责人的工资要直接与考评的等次挂钩，对管理单位连续两次堤防管理考核评比均落后者（合格分以下最后一名），取消其管理段负责人当年评优资格，并酌情扣减其管理经费并通报批评。

（5）对不服从本制度安排，消极怠工、贻误工作、出现差错的工作人员，按照考核办法，视其情节轻重给予经济处罚。对越权审批，发生重大事件后缓报、漏报、不报的将对责任人和所在单位领导予以纪律处分，视其情节追究责任。

表 4.6　堤防维修养护考核验收评分

序号	考核事项	标准分值	评分标准	实际得分	扣分缘由	备注
1	堤顶道路维护	5	通畅、平整、无杂草，行道板无损坏			
2	堤坡维护	25	内坡无高秆杂草、无火灾，表面整洁、堤身无损害			
3	内外平台及台坡维护	20	表面及台坡无高秆杂草、无损害、无积水			
4	防汛公路养护	15	畅通、平整，无坑洼、无积水			
5	防护林维护	10	无倒伏、无盗失、无病虫害、无旱灾			
6	内外排水沟维护	5	内外沟槽无损毁，排水畅通			
7	大堤安全保护区管理	5	及时发现并制止和报告大堤安全保护区范围内危害堤防安全的行为			
8	碑、牌、卡及宣传栏维护	5	设施完整、无损坏，一个年度粉刷一次			
9	环境卫生管理	10	维护区内无乱倒垃圾、乱堆杂物现象			
10	总评					

4.5.5 加强检查险工险段

（1）要求各管护人员定期对所辖堤段的险工、险段、穿堤建筑物进行徒步检查，发现问题及时上报区（县）堤防管理所并协助处理。管护人员日巡一次，区（县）每月检查一次，同时认真做好徒步检查记载。

（2）防汛物资器材按规定地点堆放整齐、由专人管理，且账物相符，保管妥善。管理段用房、哨棚和防汛设施无盗损。维护单位资产和防洪器材安全，如发生林木、防汛器材和其他固定资产等被盗现象，将按国家和单位有关规定执行，追究单位负责人和分管人员的责任，并全额赔偿所受损失。

（3）防汛责任制措施落实，休息日有专人值班。

表 4.7 涵闸设施维修养护考核验收评分

序号	考核事项	标准分值	评分标准	实际得分	扣分缘由	备注
1	责任落实情况	20	有专人管理看护			
2	设备维修保养情况	30	所有设施无损坏、无盗失、无锈蚀，日常保养良好			
3	设备运行状态	20	运行自如，止水良好			
4	安全设施落实情况	10	无安全隐患			
5	观测记录情况	10	观测记录真实、完整			
6	环境卫生管理	10	管理范围内无垃圾、无灰尘、无涂鸦			

4.6 堤防工程汛情预警及响应机制

4.6.1 汛情等级划分

长株潭城市群湘江各堤段汛期水位与流量不同时,汛情亦不相同,堤防管理人员应依据气象与水文部门发布的信息,密切关注汛期降雨及水文进展情况,并依据汛期管理制度采取对应的管理措施,以保证堤防工程安全度汛。洪水等级及降雨量等级划分可参考表 4.8 及表 4.9。

表 4.8 洪水等级划分

序号	降雨量等级	重现期
1	特大洪水	重现期大于 50 年（含 50 年）
2	大洪水	重现期为 20~50 年
3	较大洪水	重现期为 10~20 年
4	一般洪水	重现期小于 10 年

需特别指出的是,在汛期暴雨或者高水位维持阶段,如遇堤防重大险情,则堤防管理单位应迅速上报上级单位,并为抢险专门组织分析判断险情和出险原因提供信息,以便全力以赴抢护险情。如有的险情虽不会马上造成严重后果,也应根据出险情况进行具体分析,作好记录,并上报上级管理单位处理。

据湘江水位情况,参考气象与水文信息,汛情可划分成四个等级,各堤段汛情等级判别可参考表 4.10。

表 4.9　降雨量等级划分　　　　　　　　（单位：mm）

序号	降雨量等级	1 h 降雨量	24 h 降雨量
1	特大暴雨		>200
2	大暴雨		100.1~200
3	暴雨	≥16	50.1~100
4	大雨	8.1~15	25.1~50
5	中雨	2.6~8.0	10.1~25
6	小雨	≤2.5	≤10

表 4.10　长株潭湘江汛情等级

堤防等级	水位			
	设防水位	警戒水位	保证水位	超保证水位
1 级	4	2	1	1
2 级	4	3	1	1
重点堤段	4	2	1	1
特殊堤段	4	2	1	1

注：1. 为考虑堤基和滩区设施的安全，当水位漫滩以后，堤防开始临水时确定为设防水位。到此水位管理单位要做好防汛准备，开始在堤上布设巡堤查险人员。从日常的管理工作进入防汛岗位。

2. 根据堤防质量、渗流现象以及历年防汛情况，把有可能开始出现险情的水位定为警戒水位。到达该水位，要进行防汛动员，加大人力、物力投入，实行昼夜巡堤查险。

3. 保证水位又称最高水位或危险水位，是指堤防设计水位或历史上防御过的最高洪水位，也是汛期堤防及其附属工程能保证安全运行的上限洪水位。接近或到达该水位，防汛进入全面紧急状态，堤防临水时间已长，堤身土体可能达饱和状态，随时都有出险的可能。这时要密切巡查，全力以赴，确保堤防安全。

4.6.2　汛情预警及响应机制要点

4.6.2.1　汛情预警要点

1）建立预警机制，落实汛灾预警员

灾害天气提前通报，各堤防管理单位接到预警后，启动应急预案，组织有关人员，采取相应措施。

各堤段应当确定预警员，落实预警职责。尤其是险工险段等灾害隐患点的堤段，预警员需认真负责，具有高度的责任感。

2）加强防汛检查

防汛工作各领导小组应当在汛前组织力量开展防汛检查，发现有问题的，及时处理和整改，做好安全度汛准备。

3）汛灾预警

遇暴风、暴雨等恶劣天气，防汛工作领导小组应加强值班，与气象、水文等部门保持密切联系，了解降雨情况，针对可能出现的洪水、内涝等灾害，研究防御对策，明确防御重点，及时向学校和社会发布信息。加强对灾害隐患部位的巡查，必要时采取预警、转移人员和财产等措施。

4.6.2.2　汛情应急响应要点

针对湘江汛情特点，防汛预警可以按严重等级和按汛情过程两类划分。预警机制中，通常以4种不同颜色表示不同的汛情等级，不同等级采用对应的响应措施。另外，即使在同一次汛情中，不同区域的汛情程度可能不一样，因此不同地区不一定都采取同等的应急响应。

（1）汛情4级预警：气象部门发布暴雨蓝色预警。相应措施：堤防管理单位领导带班，工作人员到岗，24 h值班，确保通信畅通，重点防汛部位做好抢险的各种准备工作。

（2）汛情3级预警：气象部门发布暴雨黄色预警。相应措施：

在汛情蓝色预警的基础上，巡堤人员加强巡查，发现问题，及时报告上级有关部门。

（3）汛情2级预警：气象部门发布暴雨橙色预警。相应措施：在汛情黄色预警的基础上，防汛领导全部上岗到位，抢险人员一线待命，密切监视灾情，落实相应措施。

（4）汛情1级预警：气象部门发布暴雨红色预警。相应措施：在汛情橙色预警的基础上，立即启动应急预案，防汛领导小组按照职责分工，及时掌握汛情灾情，向有关部门报告情况，必要时向有关部门请求人员、物资及技术支援。如遇险情，成立各抢险救援小组，采取专门的保护措施，迅速组织开展各项防汛抢险工作。

（5）及时做好汛后工作总结，对受损的堤段、设施、设备等进行保养、修理，或者加固重建。各堤段管理单位可依据上述要点制定本单位汛期预警及响应机制，积极投入防汛抢险工作，以确保堤防工程安全度汛。

4.7　堤防工程维护管理内容

为保证堤防工程正常运营与安全使用，依据《中华人民共和国河道管理条例》等国家法律法规，以及《湖南省实施〈中华人民共和国河道管理条例〉办法》、《湘江湘潭段河道管理办法》、《株洲市城区河道管理办法》等地方管理规定，在堤防工程管理范围内必须明确管理内容，便于堤防管理单位开展工作。

4.7.1　日常管理

（1）禁止建设妨碍行洪建筑物、构筑物。

（2）禁止未经批准移动或损毁河道堤防、护岸、闸坝等水工程建筑物和防汛设施、水文监测和测量设施、通信照明等附属设施。

（3）禁止在大堤堤防安全保护区内进行打井、钻探、爆破、挖筑鱼塘、采石、取土等危及堤防安全的活动。

（4）禁止侵占、挪用或破坏为进行河道堤防管理和防汛设置的水尺，里程碑，测量标记，通信设施，护岸工程，防汛哨所，仓库，闸板，防汛备用的土、砂、石料以及分蓄洪区的一切防洪设施。

（5）在堤防管理范围内因维修需要挖掘的，因建设码头、护坡、桥梁、道路、水闸、埋设管道线、设置其他水工程设施的，设置排污口等损坏堤防的活动，须报经县级以上人民政府水行政部门批准，涉及其他部门的，由水行政部门会同有关部门批准。

（6）河道清淤或者加固堤防和堤身两侧填塘固基取土，应当不占或者少占耕地。确需占用耕地的，由当地人民政府调剂解决。

（7）城市、集镇、村庄的建设和发展不得占用河道滩地。

（8）车辆通过排水和引水涵闸，不准超过标志牌规定的速度和承重吨位，确需超重通行的，应先报经涵闸管理单位同意，并采取安全措施；损坏涵闸的，应负责赔偿。

（9）渗水严重的堤段，应当在河道管理范围的相连地域划定堤防安全保护区。堤防安全保护区由堤段所在地的市、县（区）河道主管机关提出划定方案，报同级人民政府批准。

（10）凡利用堤顶作公路的，必须经当地河道堤防主管部门同意。所用堤段的路面铺筑和养护、维修，以及因提高防洪标准，需要重新铺筑路面时所需的物资器材，均由交通行政主管部门或使用单位负责。修建跨越堤顶的道路，必须另行填筑坡道，不得挖低堤顶，留下路缺。

（11）任何单位确因生产或建设需要破堤修建涵闸、泵站、交通旱闸、埋设管道或兴建其他工程设施，应提出工程设计方案，经当地河道堤防主管部门同意，并报上一级河道堤防主管部门批准后，才能动工。报建单位应按批准的工程设计方案施工，按期完工，并报请验收。如不符合安全要求的，原建单位必须负责加固、改建或堵闭，废弃的应拆除并回填夯实。

4.7.2　汛期管理

（1）禁止非管理人员操作河道上的涵闸闸门，禁止任何组织和个人干扰堤防管理单位的正常工作。

（2）禁止铁轮车、履带车和重型车辆在堤面行驶。雨雪泥泞期间，除防汛抢险和紧急军事、公安、救护专用车外，禁止其他车辆通行。防汛、公安部门可根据防汛或维修堤防的需要，禁止车辆和行人在某段堤面、堤腰道路和与防汛有关的道路上通行。汽车、畜力车等车辆确需经常上下某段堤身的，应报经防汛部门批准，自行修筑上下坡道。

（3）堤防上的排水和引水涵闸、泵站，必须严格按照设计标准、规范要求控制运用。这些设施在汛期中的启闭，须经市防汛指挥部批准。通道闸口和下水道出口闸，在汛期中的启闭，由防汛指挥部批准并备案。

（4）在为保证堤岸安全需要限制航速的河段，河道主管机关应当会同交通部门设立限制航速的标志，通行的船舶不得超速行驶。在汛期，船舶的行驶和停靠必须遵守防汛指挥部的规定。

（5）汛期如需要实行交通管制，可按照相关规范或规定制定管理细则并严格执行。

第5章　堤防工程运营维护

　　堤防工程的运营维护是一项具有经常性和突击性特点的管理工作，是堤防工程管理的重要内容，也是堤防管理部门的主要职责。本章所说的堤防工程维护，指的是湘江防洪堤及景观道路工程竣工验收后正常运营期间，在各种自然与人为因素影响下对堤防工程的保养与修理活动。

　　堤防工程维护应遵循"经常养护、随时维修、以防为主、防重于修、修重于抢"的原则。对经检查发现的缺陷和问题，应随时进行保养和局部修补，以保持工程的完整性。堤防工程维护主要包括堤防工程检查、堤防工程维护和堤防工程检测等内容。

　　堤防工程维护记录可参考附表 2~附表 9。

5.1　堤防工程检查

5.1.1　检查类型

　　堤防工程检查是由堤防管理单位负责组织人员或指定专人进行的经常性的管理工作，对检查中发现的问题，应及时进行处理。

　　堤防工程检查的目的在于检验堤防工程的状态，确定堤防养护或修理方案，并可根据检查结果确定险工险段或者隐患的相应处理方法，使堤防工程能正常运营。

　　堤防工程检查范围自临河护堤地外边线至背河护堤地外边线，包括堤防管理范围和保护范围。对存在严重问题的堤段，应根据具体情况增加相应的检查项目和内容，并对异常和损坏现象作详细记录（包括拍照或录像），分析原因，提出处理意见，并由堤防工程的管理单位上报上级主管部门。

实践过程中，通常按照检查时间间隔特性，将堤防工程检查分成如下几类：

（1）日常检查。日常检查也即经常性检查，主要指对堤防常规内容的检查。管理人员对责任堤段一般每 3 d 检查一次，非汛期每周不少于一次，汛期应增加检查次数。维修养护队对所承担的维修养护堤防工程每 10 d 检查一次，水管单位每月组织检查一次。

（2）定期检查。一般情况下，汛前、汛期、汛后各检查一次；遇特殊情况增加检查次数，如汛期洪水漫滩、偎堤或达到警戒水位时，按照检查制度的要求，对堤防工程临河、背河应进行巡视检查。

（3）特别检查。当发生大洪水、大暴雨、地震等工程非常运用情况和发生重大事故等突发事件时，应及时进行特别检查，发现情况及时上报或处理，必要时应报请上级主管部门和有关单位共同检查。

（4）不定期检查。不定期地对重要堤段进行堤身、堤基探测或护脚探测。

5.1.2　检查项目及内容

堤防工程检查的项目主要有：堤防(包括堤身、堤顶道路、防浪墙、护坡、堤脚、护堤地、防护林等)，穿堤建筑物（包括涵管、水闸、泵站等），排水设施（包括排水沟、渠、涵管），堤岸防护工程（包括护岸、护脚等），附属设施（包括监测和安全防护设施、防汛道路、里程碑、标志牌等），管理和保护范围检查。

5.1.2.1　堤防检查

1）日常检查

（1）堤身外观：监测堤身断面及堤顶高程是否符合设计标准。

（2）堤顶：是否坚实平整，堤肩线是否顺直；有无凹陷、裂缝、残缺，相邻两堤段之间有无错动；堤肩路缘石是否坚固、完整；

有无凹陷、坑槽、裂缝、残缺、杂物；雨后有无积水；是否存在硬化堤顶与土堤或垫层脱离现象。

（3）堤坡：

土堤坡是否平顺，是否有水沟、浪窝、残缺、陡坎、天井、洞穴、杂草、杂物，有无违章垦殖及取土现象等。混凝土堤坡检查坡面是否平顺，有无杂草、杂物、次生树；沉陷缝填料是否充实，有无脱落；坡面有无变形、蛰陷、架空、裂缝、破损等。

（4）堤脚：有无隆起、下沉，有无冲刷、残缺、洞穴。

（5）混凝土有无剥蚀、冻害、裂缝、破损等情况。

（6）护堤地和堤防工程保护范围内，堤防背水侧堤脚以外有无管涌、渗水等。检查护堤地边埂是否完整，地面是否平整，是否被侵占，有无坑塘、生长高草等。

2）定期检查

（1）汛前检查，除经常检查内容外，重点监测堤身断面及堤顶高程是否符合设计标准。

（2）汛期检查：按照相关规范规定和防汛指挥机构所规定的巡堤查险内容或要求进行。

（3）汛后检查：应检查堤身损坏情况、险情记录和洪水水印标记记录及实测情况，检查观测设施有无损坏，检查堤岸防护工程发生沉陷、滑坡、崩坍、块石松动、护脚走失等情况。

（4）堤身内部检查应根据需要，采用人工探测、无损探测、钻探等方法，适时进行各种堤身内部隐患探测，以检查堤身内部有无洞穴、裂缝和软弱层存在。

3）特别检查

（1）事前检查：在大洪水、大暴雨、台风等到来前，对防洪、防雨、防台风等各项准备工作和堤防工程存在的问题及可能出险的部位进行检查，应检查工程标准和坚固程度能否抗御大洪水、大暴雨、台风等灾害。

（2）事后检查：应检查大洪水、大暴雨、台风、地震等工程非常运用及重大事故后堤防工程及附属设施的损坏和防汛物料及设备动用情况，对最高水位等水情进行观测记录。

5.1.2.2 穿堤建筑物检查

堤防工程的穿堤建筑物主要有涵管、水闸、泵站等。

1）日常检查

（1）水闸、泵站等穿堤建筑物与堤防的接合是否紧密，是否有渗水、裂缝、坍塌、渗漏及不均匀沉降等。

（2）穿堤建筑物与堤防的结合部临水侧截水设施是否完好，背水侧反滤排水设施有无阻塞现象，穿堤建筑物变形缝有无错动、渗水、断裂。

（3）跨堤建筑物支墩与堤防的结合部是否有不均匀沉陷、裂缝、空隙等。

（4）水闸、泵站的墩墙（含边墩）、岸翼墙、胸墙、底板（含溢流面）、涵洞（管）等混凝土有无裂缝、渗漏、损坏等，浆（灌）砌石（条料石、块石、混凝土预制块等）有无变形、松动、破损、勾缝脱落等。

（5）桥梁、码头、道口、管道等跨堤、穿堤、临堤设施是否影响堤防工程正常运行，结合部位是否完好，有无沉陷、开裂和渗漏等。尤其是跨堤建筑物与堤顶之间的净空高度，能否满足堤顶交通、防汛抢险、管理维修等方面的要求。

（6）检查穿跨堤建筑物有无损坏，水闸、泵站基础有无挤压、错动、松动和鼓出；水闸、泵站防渗工程是否完好，是否存在渗漏水现象；水闸护坦和消力池等消能防冲设施有无裂缝、塌陷、损坏等；按照有关规定对穿跨堤建筑物机电设备进行检查，检查闸门和启闭机房结构是否完好，有无破损、开裂，漏水是否严重，启闭是否自如。

（7）上、下堤道路及其排水设施与堤防的结合部有无裂缝、沉陷、冲沟。

2）定期检查

除日常检查内容外，当穿堤建筑物的底高程在堤防设计洪水位以下时，重点检查其为防洪所设置的闸门或阀门能否在防洪要求的时限内关闭，并能正常挡水，必要时进洞检查。

3）特别检查

同前述内容。

5.1.2.3 排水设施检查

1）排水设施

排水沟、渠、涵管是否完整畅通；排水沟进口处有无孔洞暗沟，沟身有无沉陷、断裂、接头漏水、阻塞，出口有无冲坑悬空；沟、渠、涵管内有无淤积和杂草，排渗沟是否淤堵。

2）防渗设施

排水导渗体或滤体有无淤塞现象，保护层是否完整，渗漏水量和水质有无变化。

5.1.2.4 堤岸防护工程检查

1）日常检查

（1）结构外观是否完整，有无裂缝、松动、破损、缺失、坍塌等现象。

本项目采用坡式护岸，需检查坡面是否平整、完好，砌体有无松动、塌陷、脱落、架空、垫层淘刷等现象，护坡上有无杂草、杂树和杂物等。浆砌石或混凝土护坡变形缝和止水是否正常完好，坡面是否发生局部侵蚀剥落、裂缝或破碎老化，排水孔是否通畅。

（2）护脚：护脚体表面有无凹陷、坍塌，护脚平台及坡面是否平顺，护脚有无冲动。

（3）河势有无较大改变，滩岸有无坍塌。

（4）护岸工程下部护脚、墙基有无塌陷、裂缝、洞穴、淘刷等现象；戗台顶面是否平整，边埝是否完整，有无残缺、水沟、浪窝，有无杂草、杂物等。

（5）堤岸生物防护的灌木、草皮有无缺失，生长是否良好。

2）定期检查

汛前检查时，堤岸防护工程应通过查勘河势，预估靠河着流部位，检查护脚、护坡完整情况以及历次检查发现问题的处理情况。汛后重点检查堤岸防护工程发生沉陷、滑坡、崩坍、块石松动、护脚走失等情况。

3）特别检查

如前所述。

5.1.2.5　附属设施检查

1）日常检查

（1）各种观测设施是否完好，能否正常观测。观测设施的标志、盖锁、围栅或观测房是否丢失或损坏。观测设施及其周围有无动物巢穴。

（2）通信、供电和交通设施是否完好，堤防工程交通道路的路面是否平整、坚实，是否符合有关标准要求。堤防工程道路上有无打场、晒粮等现象。堤顶交通道路所设置的安全、管理设施及路口所设置的安全标志是否完好。堤防工程监控设施是否完好，能否正常运行。

（3）检查堤防工程上的简介牌、防汛责任牌、标志牌、拦路闸杆、千米桩、百米桩、警示桩、分界牌、界桩等是否完好无损，是否稳固、位置是否适宜，刷漆有无脱落等；堤岸防护工程的标志牌和护栏有无损坏、丢失。管理站房是否完好、美观、整洁。

（4）防汛道路是否畅通，路面是否完整平坦，有无坑洼、塌陷现象；防汛抢险物资储备是否满足要求，抢险器材是否完好。各种防汛抢险设施是否处于完好待用状态，防汛仓库是否完好。

（5）重要堤段是否按规定备（配）有防汛抢险的照明设施、探测仪器和运载交通工具，重点堤段是否按规定备有土料、砂石料、编织袋等防汛抢险物料。

（6）检查堤肩行道林、护堤林等树木有无老化和缺损断带现象，是否有人为破坏、病虫害和缺水干旱等现象；草皮护坡中堤肩、堤坡等草皮是否有杂草、高草等现象；草皮护坡是否有荆棘、杂草或灌木，是否被雨水冲刷、缺损，人畜损坏或干枯坏死。

2）定期检查

重点检查汛后观测设施有无损坏。

3）特别检查

应重点检查大洪水、大暴雨、台风、地震等工程非常运用及重大事故后堤防工程及附属设施的损坏和防汛物料及设备动用情况。

5.1.2.6 管理和保护范围检查

（1）管理范围内有无弃置、堆放阻碍行洪物料，设置拦河渔具，种植阻碍行洪的林木和高秆作物，以及圈围河道现象。

（2）管理范围内，有无未经审批同意或不按审批规定的范围修建的桥梁、码头、给排水口等穿堤、临堤、跨河建筑物。

（3）管理范围内有无未经审批同意或不按审批规定的范围和方式作业的采砂、取土等活动；河道采砂弃渣是否及时清理。

（4）管理范围内有无爆破、打井、采石、挖塘、埋坟、违章垦种、开挖道口、建窑、建房等活动。

（5）管理范围内有无弃置塘渣、垃圾、排放淤泥等行为。

（6）保护范围内有无爆破、打井、钻探、挖塘、采石、取土等危害堤防工程安全的活动。

（7）检查堤防工程管理范围内和保护范围内是否有放牧、取土、爆破、打井、钻探、挖沟、挖塘、建窑、建房、葬坟、堆垛、违章垦殖、堆放垃圾、破堤开道、打场晒粮、摆摊设点及其他危害堤防工程安全的活动，一旦发现，应立即禁止，并及时向管理单位报告。

5.1.3　堤防工程检查方法

堤防工程检查由堤防工程的管理单位负责组织,检查人员应相对固定,分工明确,各司其责。堤防工程管理单位应结合工程的具体情况,制定检查记录表,每次检查应有清晰、完整、准确、规范的检查记录,包括照片或录像,并及时整理资料,结合观测、监测资料,编写检查报告并存档。

堤防工程日常检查应通过眼看、耳听、手摸和相应的仪器、工具进行;内部探测宜采用有效的探测技术和设备进行。如遇重要检查,应请上级主管部门参加或主持。

5.2　堤防工程维护

5.2.1　概述

堤防工程维护是指经检查后对堤防工程进行的保养与修理,并及时处理工程表面缺损,防止工程缺陷的发生和发展,以保持工程的完整、安全和正常运行。

堤防工程维护是一项经常性和突击性相结合的管理工作,是堤防工程管理的重要内容,也是堤防管理部门的主要职责。

按照工程构成特点与维护内容的不同,堤防工程维护分为堤防养护、堤岸防护工程养护、穿堤及跨堤工程养护、附属设施养护;按照工作性质不同,分为养护、岁修、大修和抢修四类,养护和岁修通常指堤防工程的维护工作。

堤防工程维护应遵循"经常养护、随时维修、以防为主、防重于修、修重于抢"的原则。堤防工程的管理单位应根据堤防工程的有关法规和技术标准,结合工程的具体情况,确定养护的项目和内容。

（1）对日常检查发现的缺陷和问题,应随时进行养护和局部修补，以保持工程的完整性。岁修则是根据汛后全面检查所发现的工程损坏情况和出现的问题，对工程实施必要的整修和局部改善，以保持工程正常的工作状态。

（2）对于通过日常养护或岁修难以解决的问题，如堤防工程建设受到各种因素的影响，工程质量存在着先天性不足，内部存在多种隐患，如裂缝、孔洞、松软夹层等，以及存在堤身断面不足、堤防高度不够、抗渗性较差等问题，应列为大修或除险加固项目，进入基本建设程序加以解决。

（3）堤防工程的抢修指汛期或者地震等突发事件发生时，为排除各种险情确保堤防安全的抢护措施。

湘江防洪大堤及景观道路养护工作，涉及度汛的，应在汛前完成；汛前完成确有困难的，应采取临时安全度汛措施。

5.2.2 堤防工程养护项目及内容

5.2.2.1 堤防养护

堤防养护包括堤顶、堤坡、护坡、防浪墙、防渗及排水设施养护等内容。堤顶、堤坡、护坡、防浪墙和防渗及排水设施的缺陷或损坏应按原设计标准及时修复；对堤身裂缝和堤防隐患，应依据其成因和性质分别采取不同的处理措施。堤防修理的土石方及混凝土结构的裂缝、渗漏、剥蚀等施工应符合有关规范规定。

1）堤顶养护

（1）长株潭防洪堤及景观道路工程中的堤顶为沥青混凝土硬化堤顶。养护要求顶面平顺，结构完好。路面应平坦，无坑、无明显凹陷和波状起伏，积水应及时排除；堤顶应保持设计宽度与设计高程，高程误差为0~5 cm，宽度误差为0~10 cm；堤顶路面应及时进行养护和清扫，保持完整和清洁，满足防汛抢险要求。

（2）堤顶、堤肩、道口等养护应做到平整、坚实，无杂草、无弃物。堤顶养护应做到堤线顺直、饱满平坦。堤顶路面有裂缝、塌陷、沥青混凝土起砂等局部破损，应及时修补。

（3）硬化堤顶应保持向一侧或两侧倾斜。

（4）堤肩养护应做到堤肩线平顺规整，路肩石保持完好，有破损及时修复，无明显坑洼、塌肩，堤肩应植草防护。

2）堤坡养护

堤坡养护对象包括临水侧防浪墙、草皮及混凝土护坡及块石砌体，以及背水侧草皮护坡、排水沟、护堤地边埂等。

（1）堤坡应保持设计坡度，坡面平顺，无雨淋沟、陡坎、洞穴、陷坑、杂物等。

（2）临水侧防浪墙、护坡混凝土等护面结构应保持完好，无松动、开裂、破损、鼓起、坍塌、缺失和磨损等局部破损；勾缝无起翘、剥落；混凝土分缝完整无破损，对局部破损部位应及时翻修，表面破损应及时修补。

（3）戗台（平台）应保持设计宽度，台面平整，平台内外缘高度符合设计要求。

（4）堤脚线应保持连续、清晰。堤脚大方脚等干砌块石结构应保持完好，发现松动、塌陷、鼓出和冲损等局部损坏，应及时翻修予以加固。护堤地边埂应保持完好，损坏处应及时整修。

（5）上下堤坡道应保持顺直、平整，无沟坎、凹陷、残缺，禁止削堤筑路。

（6）土质坡面植草覆盖。堤坡护面草皮应及时进行施肥、浇水和修剪，清理杂草，残缺部位应及时补植，保持平整。灌木和防护林要及时进行除草、施肥、修剪和防治病虫害，枯死树木及时补植。护面草皮、灌木和防护林要加强防火管理。

3）护坡养护

护坡养护应保持坡面平顺、砌块完好、砌缝紧密，无松动、裂缝、塌陷、脱落、架空、风化等现象，无杂草、杂树、杂物，保持坡面整洁。

4）防浪墙养护

防浪墙表面的杂草和杂物应及时清除，保持整洁。检查中如发现裂缝、断缝、倾斜、鼓肚、滑动、下沉或表面风化、泄水孔堵塞、墙后积水、周围地基错台、空隙等情况，应查明原因，并观测发展情况，采取相应措施，并作好记录。附近地面发现水沟、坑洼应及时填平。

5）防渗及排水设施养护

（1）防渗设施保护层应保持完好无损，更换防渗体断裂、损坏、失效部分。

（2）排水设施完好，保持排水有效，损坏处应及时翻修，无缺损、无杂物、无堵塞。应修复排水设施进口处的孔洞暗沟、出口处的冲坑悬空，清除排水沟内的淤泥、杂物，及时恢复排水沟保护层，确保排水体系畅通。

（3）堤顶设有纵向排水沟的，路缘石与排水沟之间硬化或者植草防护。

（4）排水沟内存有杂草、杂物和次生树时，养护人员应及时清除。清除次生树时，尽量不扰动排水沟沟身。

6）防汛道路养护

（1）防汛路面应达到路拱明显，路拱坡度宜保持在 2%～3%。路面饱满平坦、无裂缝、无坑、无明显凹陷、无车槽，平均每 5 m 长堤段纵向高差不应大于 0.1 m。应及时清扫，排除积水。

（2）路牙应保持顺直、无倾斜、破损。平时关闭拦路杆，除防汛抢险专用车辆外，禁止其他车辆通行。

（3）拦路杆应定期除锈、油漆、上润滑油，并对锁进行防锈处理。

7）护堤地养护

护堤地的养护应做到边界明确，地面平整，排水畅通，整洁无杂物。护堤地有界埂或界沟的，应保持其规整、无杂草，界埂出现残缺应及时修复，界沟阻塞应及时疏通；有巡查便道的，应保持畅通。护堤地应种植护堤林带。

5.2.2.2 堤岸防护工程养护

应做到封顶严密、整齐美观，土石结合部无脱缝等现象。修复护岸控导工程表面的缺陷、洼坑、洞穴、雨淋沟及局部砌石松动变形或脱落等，所用材料应符合原设计要求，工程质量应按原有标准，并严格控制。

1）护脚养护

护脚石应排砌紧密，护脚平台应保持平整及坡度平顺，无明显凹凸现象。

2）排水设施养护

（1）应及时清除排水沟（管）内的淤泥、杂物及冰塞；对排水沟（管）局部松动、裂缝和损坏，应及时处理，使其保持完好无损。

（2）排水孔排水不畅，应及时进行疏通。每年汛前、汛后应普遍清理一次。清理时，不应损坏其反滤设施。

5.2.2.3 穿堤及跨堤工程养护

堤防与穿堤及跨堤建筑物结合部的养护修理应以防汛安全为前提，兼顾各建筑物自身的功能。堤防工程的管理单位应特别重视和加强堤防与穿堤建筑物结合部的养护与修理。结合部如发生损坏，应通过调查和检测查明原因，针对损坏原因，建筑物管理单位应按堤防工程管理单位的要求及时修理或抢修，确保堤防及穿堤建筑物的安全。

1）穿堤建筑物与堤防结合部养护

（1）底部高程在堤防设计洪水位以下的穿堤建筑物，其临水侧与堤防结合部，应特别加强养护工作，保持堤防与穿堤建筑物接合坚实紧密。背水侧也应按照规定进行养护。

（2）底部高程高于堤防设计洪水位的穿堤建筑物，其与堤防的结合部和堤顶、堤坡同时进行养护，使其保持坚实紧密。

（3）应加强穿堤建筑物与土质堤防结合部临水侧截水设施和背水侧反滤、排水设施的养护，如有损坏应及时修复。

（4）所有穿堤闸涵、管道、线缆及道口管理设施，其管理单位均应按有关规定进行养护，发现损坏及时修理。

2）跨堤建筑物与堤防结合部养护修理

（1）跨堤建筑物的支墩在堤身背水坡的，应加强支墩与堤坡结合部的养护工作。

（2）上下堤道路及其排水设施的养护工作除按正常堤防养护要求进行外，在雨季应增加养护次数，对土质堤防的上下堤道路及其排水设施，在降雨期间应坚持巡查，及时处理发生的问题。

（3）码头、港口的上下堤道路和排水设施与堤防的结合部应由码头、港口管理单位按照堤防工程的管理单位的规定进行养护。

（4）桥梁、渡槽、管道等跨堤建筑物布置在堤身背水坡的支墩与堤防结合部发现有沉降、裂缝时，应立即通知有关单位对其修理；发现渗水情况应查明原因，采取合理的渗流控制措施。

5.2.2.4　附属设施养护

1）里程桩、界碑、标志牌、观测设施养护

（1）里程桩、界碑、标志牌（含警示牌、险工险段及工程标牌、工程简介牌等）应定期清洗、油漆、维修更新、补充，保证完善、清晰、美观。

（2）测量控制系统的起点和工作基点校核应执行有关规范，观测设施如有损坏应及时修复或更新。

（3）主要观测仪器、设备，如有损坏应及时修复或更新。

2）设备维护

（1）必须建立健全设备的操作、使用和维护规程、岗位责任制，由专人管理。操作人员必须接受专业技术训练，熟悉设备的结构原理，掌握操作要领，考核合格后方能上岗。设备的操作和维护人员必须严格遵守设备的使用、操作和维护规程，掌握设备运行状态，发现问题及时处理或报告。

（2）设备维护以"保养为主，维修为辅"的原则，正确合理地使用设备，既要充分发挥设备的能力，又要严禁违章操作和超负荷运行。

（3）堤防管理单位必须按照国家有关部门的规定，加强对观测、运输、通信、电力、动力、办公等设备的维护、检查、监测和预防性试验，确保安全经济地运行。

（4）堤防管理单位应做好设备的润滑、防火、防爆、防尘、防漏、防腐等专项工作。设备应达到"四无"(无积灰、无杂物、无松动、无油污）或"六不"(不漏油、不漏水、不漏电、不漏气、不漏风、不漏物料）。

（5）设备检修工作必须严格遵守检修规程，执行检修技术标准，保证质量，作好记录，缩短时间，降低成本。

（6）设备管理单位要根据设备的技术状况，编制好设备的检修计划，并纳入年度计划实施。当生产与设备检修发生矛盾时，生产要服从检修。

（7）堤防防汛物资储备应按照《防汛物资储备定额编制规程》（SL 298—2004）测算及实际情况储备一定种类和数量的防汛物资。存储的料物应位置适宜、存放规整、取用方便，有防护措施。

3）办公、生活区管理

（1）办公和生活区的建筑或设施，包括办公室、动力配电房、机修车间、设备材料仓库、宿舍、食堂、卫生间，应保持整洁，符合卫生、安全和防火要求。办公区要树立良好的管理单位形象。

（2）房屋的其他养护修理可参照工业与民用建筑物有关规定执行。

4）其他附属设施运营维护

本部分包括堤防工程管理单位的生产管理设施和生活设施。如生产办公设施、生产附属设施、生活设施、环境美化设施等，以及堤防工程的重要堤段及险工段应按维修管理及防汛抢险需要，在堤的背水侧设堆料平台储备一定的土料、砂石料；堤防工程按行政区划和分段管理范围设立界碑和里程桩、堤防的管理范围和保护范围设立的界标，加上各种水利、交通标识、标牌等，都属于堤防工程的附属部分，养护状况也与沿途景观质量好坏息息相关。

5）动物为害防治

堤防工程动物为害防治应保证堤防工程安全、不污染环境，做到防治并重、因地制宜、综合治理。防治范围应包括堤防工程的管理范围、保护范围和害堤动物可能影响堤防安全的范围。

5.2.3 堤防工程养护措施

堤防工程养护原则：受损部位经养护后，其标准不得低于原结构设计标准，并使新老结构接合良好。

5.2.3.1 堤顶养护措施

（1）堤顶道路上面有杂物或者碎石时，养护人员应使用扫帚或其他工具扫除并清运，以防止过往车辆碾压损伤堤顶路面，禁止将杂物和碎石就地堆放或存放在堤肩、堤坡上。雨雪天气应及时清除路面积水或积雪。

（2）硬化堤顶路面出现坑槽、翻浆、起伏、啃边等损坏现象时应做到以下几点：

①在损坏处前后放置标牌，标牌上文字醒目，内容可写"路面维修，车辆慢行"等警示语。

②依照损害处的形状，用切割机在路面切割并人工清除，深度至灰土垫层，洒水湿润，不得有积水。

③晒干后，使用相同强度等级的速凝混凝土浇筑、捣振密实。

要求与原有路面平齐，上覆塑料薄膜养护。

（3）硬化堤顶路面出现裂缝、脱皮、泛油等现象时应做到以下几点：

①对于裂缝，先用高压水枪冲缝，清洗干净并晒干后，再用沥青混凝土综合养护车灌注沥青。

②对于路面脱皮、露出细骨料的现象，先人工清除，冲刷干净，再用沥青混凝土综合养护车灌注沥青。

③路面泛油时，应禁止车辆通行，待干燥后再放行。

5.2.3.2 辅道养护措施

（1）未硬化辅道路面不完整、不平顺时，应调土垫平，辅以人工整平，推土机碾压。

（2）辅道边坡出现残缺、水沟、浪窝、陡坎、天井、洞穴、陷坑时，其维修方法与土堤坡维修养护一致。

（3）硬化辅道路面出现坑槽、翻浆、起伏、啃边等损坏现象时，其维修方法参照硬化堤顶养护中的第二条。硬化辅道路面出现裂缝、脱皮、泛油等现象时，其维修方法参照硬化堤顶养护中的第三条。

5.2.3.3 堤坡养护措施

（1）土堤坡出现水沟、陡坎、洞穴、陷坑、杂物时，采用开挖回填方法养护；有垦殖或取土现象时，应及时制止；堤坡坡面不平时，应削坡整平。

（2）混凝土堤坡。

混凝土堤坡上存有杂物时，维修养护人员要及时清除，并放在垃圾箱内或适宜位置。

混凝土堤坡上生长杂草和次生树时，采用人工拔除、喷洒除草剂、喷洒化学药剂等方法清除。特别是在清除次生树时要连根拔起，不能留下任何根系，并注意不能损坏树根周围的混凝土坡面。

混凝土堤坡沉陷缝填料因日晒、风雨侵蚀损坏、脱落时，维修人员应用细钢筋将沉陷缝内的原填料剔除，并用水冲刷干净，待晒干后，用施工时的工艺将填料塞严、塞紧，缝内不能留有任何空隙，防止雨水侵入冲蚀堤身。

混凝土堤坡出现蛰陷、架空、变形等现象时，其维修方法和要求如下：

①首先用空压机和风镐将蛰陷、架空、变形处的混凝土凿除，凿除范围为蛰陷、架空、变形处露出完整土质堤坡宽度1 m左右，形成一定的作业场面。

②将混凝土碎渣、泥石、杂物等清除干净，并放在适宜位置。

③开挖回填。逐坯开蹚，选择黏土或壤土回填，每坯土厚度不超过20 cm，用气夯夯实，压实密度达到90%以上，与原堤坡持平。

④铺碎石垫层，碎石粒径为1~2 cm，厚度为10 cm，人工整平。

⑤浇筑混凝土。先立好模板，分块分仓浇筑。选用相同强度等级的混凝土，使用搅拌机拌和，振捣棒振捣密实，表面压光，用加热沥青浇注伸缩缝，坡面铺盖塑料膜养护，并用土压好。

5.2.3.4 排水沟养护措施

（1）堤顶、堤坡等排水沟内存有杂草、杂物和次生树时，养护人员应及时清除，并将杂草、杂物放入垃圾箱内，保证下雨期间排水畅通。

（2）清除次生树时，尽量不扰动排水沟沟身。

（3）排水沟砌石勾缝脱落或有渗水孔洞时，应及时用相同强度等级的水泥砂浆勾缝、修补孔洞，防止下雨排水时冲刷，造成排水沟沟身坍塌、蛰陷。

（4）排水沟沟身及消力池蛰陷、坍塌、断裂时，养护人员应及时将损坏处拆除，重新按原设计尺寸和结构砌筑、维修、恢复原状，保证下雨期间排水通畅。

5.2.3.5 护堤地养护措施

（1）临、背河（湖）护堤地边埂残缺不全时，机动翻斗车运土，人工整修，使其达到标准。

（2）护堤地面不平整时，机动翻斗车倒运土方，人工或小型挖掘机整平。

（3）护堤地有侵占坑塘时，人工恢复，用小型挖掘机装车、机动翻车远距离调土填垫坑塘。

（4）护堤地范围内生长高秆植物或杂草时，人工铲除或喷洒除草剂清除。

5.2.3.6 生物养护措施

（1）堤肩行道林与堤肩线平行，以常绿美化树种为主，达到高低落错有致，多彩搭配，同种树种株距统一，胸径一致，乔木胸径不小于5 cm，存活率高且生长旺盛。

（2）每年入冬前行道林用石灰水刷白，刷白高度1.3 m，上面用红漆漆边，涂边宽度3 cm。

（3）堤顶硬化路面靠堤肩较宽一侧的堤段，应设置绿化带，种植花卉、草皮等。

（4）坡面植树、植草防护，靠近城镇的地段应进行绿化美化。

（5）临、背河（湖）护堤地按规定植树，树株生长旺盛。

（6）堤肩及堤坡以植草为主，草皮生长旺盛，无杂草，覆盖率高，草高不低于3 cm。

5.2.3.7 管理设施养护措施

（1）各类标志牌要齐全、完整、规范、清晰、醒目、美观，符合工程管理标准。千米桩、百米桩、边界桩、堤顶禁行设施、辅道路口警示桩、标志牌及其他标志牌有缺损时，应按规定标准及时进行补充或更换。

（2）千米桩、百米桩底刷白漆，数字刷红漆。刷漆脱落时，按照规定标准及时刷漆。不牢固时，及时稳固、补强。

5.2.3.8 防汛物资养护措施

（1）防汛所需砂石的存放位置要考虑工程管理和防汛抢险需

要，存放位置合理。存放位置不合理、影响工程管理面貌、妨碍防汛抢险车辆通行时，应制定存放规划，重新排整，达到存放位置合理、整齐划一，满足管理和防汛抢险要求。

（2）存放处应做到整齐美观、整体划一，无缺石、坍塌、倒垛、杂草、杂物、次生树等。当有杂物、生长杂草及次生树时，养护人员应及时用人工或喷洒化学药剂清除，并特别注意将次生树根系挖除掉，以防止再生。

（3）标志尺寸牌按照设计资料或者规范要求制作，标志牌脱落、损坏时，应重新按照原标准尺寸和要求用水泥砂浆抹平；喷制字体褪色或脱落时，应先喷底漆，后喷文字及数字，以保持标志清晰、醒目。

5.2.3.9 其他养护措施

（1）混凝土压顶边角缺损面积大于100 cm^{2}时，应采用C25细石混凝土及时修补完整。混凝土压顶，裂缝宽度大于2 mm，将缝凿成V字形，并清渣洗净，采用1：2水泥砂浆填实，表面抹光。亦可用聚合物修补。钢筋混凝土压顶，钢筋锈蚀严重的，必须将混凝土凿除，更换钢筋，按原设计混凝土配合比重新浇筑混凝土。

（2）混凝土出现裂缝，应加强检查观测，查明裂缝性质、成因及其危害程度。混凝土的微细表面裂缝、浅层缝以及缝宽小于0.20 mm（裂缝位于水上区、水位变动区）时可采用聚合物材料涂刷封闭，缝宽小于0.30 mm（裂缝位于水下区）时可不予处理。混凝土裂缝应在基本稳定后修补，并在枯水期开度较大时进行；若混凝土出现裂缝，应拆除原混凝土块，重建混凝土体。

（3）砌石体缝宽小于5 cm，经观测缝隙不再发展，可修凿突出一侧的面石，修凿面积一般为1~2 m^2，使相邻缝隙基本平顺，砌石面基本平整。若缝宽大于5 cm，则应重砌面石或重砌石体。

（4）混凝土表层脱壳、剥落和机械损坏或者钢筋混凝土保护层受到侵蚀损坏时，应根据情况分别采用聚合物材料涂刷封闭、砂浆抹面等措施进行处理。

（5）堤防护岸经观测结构趋稳定，下沉量小于10 cm，原压顶凿毛，清渣洗净，采用C25细石混凝土加高，高程与相邻压顶齐平。

（6）伸缩缝填料老化、脱落流失，应及时填充。止水设施损坏时，可采用柔性材料修补，或者重新埋设止水予以修复。

（7）堤身遭受蚁害时，应采用毒杀的方法防治；遭受兽畜为害时应采用诱捕、驱赶等方法防治。另外，蚁穴、兽洞可采用灌浆或者开挖回填等方法处理。

（8）堤岸外露桩身出现损坏时，应采取相应措施修复。混凝土桩身修复可先除松散块再用C30以上细石混凝土按原状修补，水下应采用适当措施防护；钢桩身应先除锈去渣再焊补修复。

（9）抛石体若出现缺损，应采用补抛块石修补。

（10）土堤发生表层裂缝时，应针对裂缝特征按照下列规定处理：

干缩裂缝和宽度小于5 mm、深度小于0.5 m的纵向裂缝，一般采取封闭缝口处理；宽度小于10 mm、深度小于1 m的纵向裂缝，可开挖回填处理。

（11）泄水孔应保持畅通，如有堵塞，应及时疏通。

（12）防汛通道路面应保持平整、完好，无坑洼、破损，路基无塌陷。防汛通道的维修养护，参照市政相关道路的维修养护规定。

（13）及时清除堤坡上的树丛、高秆杂草、旧房台等，整理各防汛备料场，对堤身内的洞穴及时采取开挖回填或充填灌浆等方法，或采用人工捕杀、器械捕捉、药物诱捕、熏蒸驱逐，以消除害堤动物的影响。

5.3 堤防观测

堤防工程观测是堤防管理工作的重点，观测的数据以及据此作出的判断，是保证堤防正常运营或采取相应维护措施的依据。观测项目包括堤防基本观测项目和专门观测项目两类。

长株潭湘江防洪堤及景观道路工程中设置了 20 处观测断面，观测断面横断面示意图见图 5.1，断面设置见图 5.2，观测所需仪器见附表 11。

5.3.1 堤防观测基本要求

（1）根据堤防工程级别、地形地质、水文气象条件、运营维护要求，堤防管理单位确定工程观测项目，制订观测计划并保持观测工作的系统性和连续性，按照计划规定的项目测次和时间在现场进行观测。

每次观测结束后，应及时对记录资料进行计算和整理，并对观测成果进行初步分析。如发现观测精度不符合要求，应立即重测；如发现异常情况，应立即进行复测，查明原因并上报上级主管部门，同时加强观测，并采取必要措施。

每年初均应对上一年度的观测资料进行整编，形成堤防安全监测总体报告，并将整编成果报上级主管部门审查，经审查合格后装订成册，归入技术档案。

（2）沿堤防工程建立的测量控制系统应统一，测量控制系统满足相关测量规范要求，其起测点和工作基点应布置在堤防背水侧地基比较坚实、易于引测且不受堤防位移影响的地点。

（3）测量系统的观测设备、设施，应安全可靠、经久耐用。

（4）堤防工程安全观测应方案明确，保证足够的仪器设备与观测技术等。

（5）日常观测要求做到"四随"（随观测、随记录、随计算、随校核）、"四无"（无缺陷、无漏测、无不符合精度、无违时），"四固定"（人员固定、设备固定、测次固定、时间固定），以提高观测精度和效率。发现异常现象应作专项分析，必要时会同科研、设计、施工单位作专题研究。

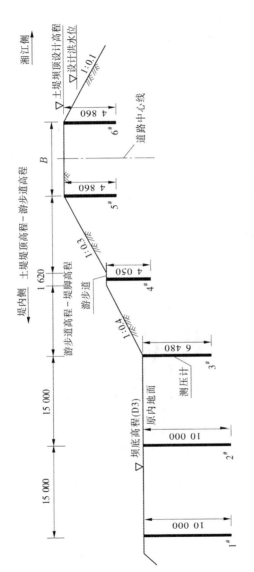

图5.1 堤防观测断面横断面示意图

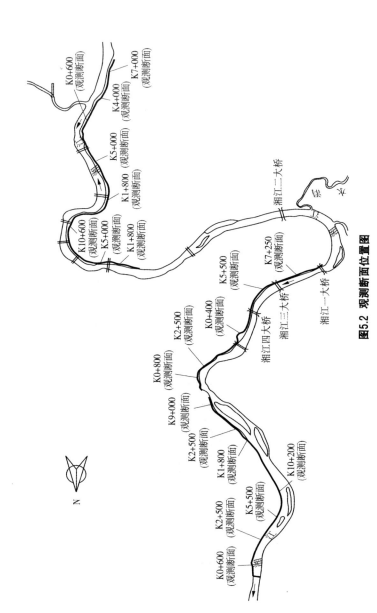

图5.2 观测断面位置图

5.3.2 观测项目

5.3.2.1 基本观测项目

堤防工程设置的基本观测项目一般包括堤防的沉降变形、裂缝、堤身浸润线、水位等。其中，堤防的变形观测包括竖向位移观测、水平位移观测、表面变形观测等内容。

1）裂缝观测

表面裂缝一般采用钢尺及简易工具进行测量，对于 2 m 以内的浅缝可用坑槽探法检查裂缝的宽度等，深层裂缝采用探坑或竖井检查，同时还需测定裂缝的走向。对主要裂缝宽度、长度进行观测，裂缝发展初期每天观测一次，以后每月观测 1~2 次。

2）水位观测

水位可直接采用水文站观测资料。为满足防汛要求，对于本工程设置有水尺的特定点，如水闸附近，汛期进行洪水位观测。当洪水期或水位变化较大时，应增加观测次数，暴雨洪水影响时需每天观测。

3）堤身浸润线观测

堤身浸润线观测常通过堤身断面埋深测压管或渗压计来完成，在统一时段观测到的测压管水位基本反映了堤身浸润线高低。

（1）新建堤防投入使用后，每日或隔日观测一次；正常运行 3 个月以后，可以每周观测一次；正常运行 5 年以上，且堤防沉降和渗流分布均无异常情况下，可每半月观测一次。

（2）观测堤身浸润线水位时，必须同步观测堤防迎水坡和背水坡两侧地表水水位。

（3）行洪期间，根据需要定期观测，淤土堤防段应加强观测。

4）沉降变形观测

变形监测主要是通过测定堤防的表面尺寸反映堤身现状，通过观测堤身表面及深层位移反映堤防的稳定性。

堤防工程沉降变形观测按设计布设的观测断面，每年观测 1～2 次。重要或变形异常段应适当加密，并补充水平位移观测。

表面变形：通过对堤身外形尺寸观测实现表面变形监测。监测内容包括堤身地基范围内的裂缝、洞穴、滑动、隆起及翻砂涌水等变形现象。一般可根据需要进行观测，淤土及地质情况比较复杂的堤段应增加测次。

堤身竖向、水平位移：通过对堤身的竖向及水平位移的监测反映堤身变形。观测断面应选在堤基地质条件较复杂、渗流位势变化异常、有潜在滑移危险的堤段，观测点一般布设在堤顶、堤坡、平台、堤脚。竖向位移监测宜采用三等以上水准。原则上每年汛后观测一次，但在地质和工程运行情况比较复杂的堤段应根据需要每月观测一次。

另外，堤防管理单位应不定期地对可能发生隐患的堤段或淤土堤段进行堤身、堤基探测检查，原则上应每 5 年检查一次。

5.3.2.2 专门观测项目

根据堤防工程安全和管理运行需要，对于地质和工程运行情况比较复杂的堤防，应有选择地设置下列专门观测项目。

1）近岸河床冲淤变化

每年汛后观测一次，汛期根据情况需要进行观测。观测主要侧重局部冲刷观测与河道凸岸淤积观测两个方面。其中局部冲刷观测要求准确测定冲坑位置、深度、形态及范围。水下部分测点和断面的间距一般可取 3～10 m，在地形陡变部位，测点应适当加密。河道凸岸淤积观测应根据河道水流条件选择代表性纵横断面，可间隔 10～20 m 设置一个观测点，监测淤积物成分并测量淤积厚度、分布状况和淤积数量。最终成果应能提出冲刷坑地形等高线或淤积地形等高线及有关分析意见。

2）堤防渗透压力观测

堤防渗透压力观测断面宜选在堤防特征断面、合龙段、地形或地质条件复杂地段，一般每个特征设计堤段均需有 1 个观测断面。渗透压力观测常采用测压管、渗压计和电测水位计进行。根据需要，行洪或输水期间，对照当时水位、流量进行观测。测量过程中，测压管水位两次测读误差应不大于 2 cm，电测水位计的测绳长度标记应每隔 1~3 个月用钢尺校正一次，测压管的管口高程，在施工期和初运行期应每隔 1~3 个月校测一次，在运行期至少应每年校测一次。对于新建观测系统，在第一个高水位周期，应按运行期的规定进行观测。

3）水闸、泵站等建筑物水平、竖向位移观测

观测点一般设在上下游翼墙与建筑物的连接处，监测方法同堤身水平、竖向位移的监测方法。一般每年汛后应观测一次，汛期根据情况需要进行观测。

另外，堤防基础观测也是一项非常重要的工作，主要观测其稳定性、渗漏、管涌和变形等。除此之外，堤防工程常常还需要进行减压导渗工程的控渗效果观测、波浪观测及其他观测等。

堤防工程沉降变形、裂缝、水位等观测记录表可参考附表8至附表10，所需仪器见附表11。

5.4 堤防隐患探测

堤防隐患是指由于自然或人为等各种因素作用与影响所造成的威胁堤防安全的险情因素。由于受历史原因与客观条件的影响，长株潭湘江防洪堤及景观道路工程中的部分堤防存在各种隐患。如长沙段现有堤防及株洲部分城区与株洲县区垸堤防，是 20 世纪60~70 年代由群众修建，无正规设计和施工，基础未经防渗处理，经逐年加高培厚而成，部分堤段存在堤身质量差、散浸、滑坡、渗透、管涌流土等严重问题，这些堤身、堤基存在的诸多隐患，对堤防及防洪安全构成了极大的威胁。因此，及时探测堤防隐患，是堤

防工程安全管理所面临的重大课题。

堤身内部经常发生的隐患主要有：裂缝（不均匀沉陷、干缩、龟裂、施工工段接头、新旧堤接合面裂缝等）、空洞（动物洞穴、天然洞穴）、人为洞穴（藏物洞、墓穴）、松散土体、软弱夹层、植物腐烂形成的孔隙、堤内暗沟、废旧涵管等。常见探测方法有人工锥探、机械锥探等。

根据目前水利工程"管养分离"的原则，该部分内容可委托相关专业单位进行，所需经费列入管理单位财务计划中。

5.5 堤防工程险情观察

5.5.1 堤防工程险情

每年汛期，各江河堤防总有险情出现。堤防险情通常包括堤身漏洞、堤基管涌、堤坡渗水、堤防滑坡、河堤崩岸、堤身裂缝、堤防跌窝等。

长株潭湘江防洪堤及景观道路工程建成之前，湘江堤防不同堤段的土质成分、填筑质量均存在一定程度的差异，而且大堤在长期运行中遭受各种自然灾害的侵袭及地质作用和人为因素的影响，堤身受到了不同程度的破坏，故每逢汛期来临，总是不同程度地存在一些病险隐患，在20世纪90年代几次大洪水期间，部分堤段更是险象环生，常见的有堤基管涌、堤身渗漏、堤身滑坡甚至溃口等。

长株潭湘江防洪堤及景观道路工程竣工并投入正常运营后，各堤防管理单位应制定汛期管理制度，巡堤检查人员应加强堤防工程巡查，掌握必要的堤防工程险情判别方法。如遇险情，按照汛期管理制度及时将信息上报，并积极参与抢险工作。

5.5.1.1 堤身漏洞

在汛期高水位下，堤防背水坡或堤脚附近出现横贯堤身或堤基的渗流孔洞，俗称漏洞。漏洞贯穿堤身，使洪水通过孔洞直接流向堤背水侧，见图5.3。

漏洞的出口一般在背水坡或堤脚附近,根据出水情况可分为清水漏洞和浑水漏洞。如漏洞出浑水,或由清变浑,或时清时浑,则表明漏洞正在迅速扩大,堤防有发生蛰陷、坍塌甚至溃口的危险。漏洞险情的另一个表现特征是水深较浅时,漏洞进水口的水面上往往会形成旋涡,所以在背水侧查险发现渗水点时,应立即到临水侧查看是否有旋涡产生。因此,若发生漏洞险情,特别是浑水漏洞,必须慎重对待,全力以赴,迅速进行抢护。

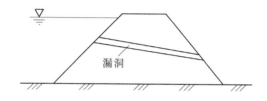

图 5.3 漏洞险情示意图

漏洞险情探测方法有:

(1)水面观察。漏洞形成初期,进水口水面有时难以看到旋涡。可以在水面上撒一些漂浮物,如纸屑、碎草或泡沫塑料碎屑,若发现这些漂浮物在水面打旋或集中在一处,即表明此处水下有进水口。

(2)潜水探漏。如漏洞进水口水深流急,水面看不到旋涡,则需要潜水探摸。潜水探摸是有效的方法。探摸方法有两个:一是手摸脚踩,二是用一端扎有布条的杆子探测,如遇漏洞,洞口水流吸引力可将布条吸入,移动困难。

(3)投放颜料,观察水色。适宜水流相对小的堤段。在可能出现漏洞且为水浅流缓的堤段分段分期分别撒放石灰或其他易溶于水的带色颜料,如高锰酸钾等,记录每次投放时间、地点,并设专人在背水坡漏洞出水口处观察,如发现出洞口水流颜色改变,并记录时间，即可判断漏洞进水口的大体位置和水流流速大小。然后改变颜料颜色，进一步缩小投放范围，即可较准确地找出漏洞进水口。

（4）电法探测。如条件允许可在漏洞险情堤段采用电法探测仪进行探查，以查明漏水通道，判明埋深及走向。

5.5.1.2 堤基管涌

汛期高水位时，沙性土在渗流力作用下被水流不断带走，形成管状渗流通道的现象，即为管涌，见图5.4。

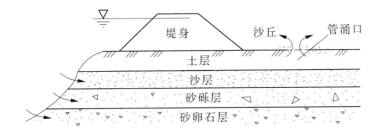

图 5.4 管涌险情示意图

管涌一般发生在背水堤脚附近地面或较远的潭坑、池塘或洼地，多呈孔状冒水冒沙。管涌出水口冒沙并常形成"沙环"，故又称沙沸。在黏土和草皮固结的地表土层，有时管涌表现为土块隆起，称为牛皮包，又称鼓泡。出水口孔径小的如蚁穴，大的可达几十厘米。个数少则一两个，多则数十个，称作管涌群。

管涌险情必须及时抢护，如不抢护，任其发展下去，就将把地基下的沙层淘空，导致堤防骤然塌陷，造成堤防溃口。

管涌险情可从以下几方面分析判别：

（1）管涌一般发生在背水堤脚附近地面或较远的坑塘、洼地。距堤脚越近，其危害性就越大。一般以距堤脚15倍水位差范围内的管涌最危险，在此范围以外的次之。

（2）有的管涌点距堤脚虽远一点，但是管涌不断发展，即管涌口径不断扩大，管涌流量不断增大，带出的沙越来越粗，数量不断增大，这也属于重大险情，需要及时抢护。

（3）有的管涌发生在农田或洼地中，多是管涌群，管涌口内有沙粒跳动，似"煮稀饭"，涌出的水多为清水，险情稳定，可加强观测，暂不处理。

（4）管涌发生在坑塘中，水面会出现翻花鼓泡，水中带沙、色浑，有的由于水较深，水面只看到冒泡，可潜水探摸，是否有凉水涌出或在洞口形成"沙环"。

（5）堤背水侧地面隆起(牛皮包、软包)、膨胀、浮动和断裂等现象也是产生管涌的前兆，只是目前水的压力不足以顶穿上覆土层。随着江水位的上涨，有可能顶穿，因而对这种险情要高度重视并及时进行处理。

5.5.1.3　堤坡渗水

高水位下浸润线抬高，背水坡出逸点高出地面，引起土体湿润或发软，有水逸出的现象，称为渗水（如图 5.5 所示），也叫散浸或洇水，是堤防较常见的险情之一。当浸润线抬高过多，出逸点偏高时，若无反滤保护，就可能发展为冲刷、滑坡、流土，甚至陷坑等险情。

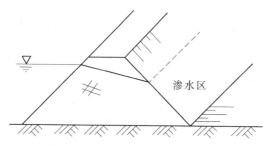

图 5.5　渗水示意图

目前，常从以下几方面判别堤坡渗水险情：

（1）堤背水坡严重渗水或渗水已开始冲刷堤坡，使渗水变浑浊，有发生流土的可能，证明险情正在恶化，必须及时进行处理，防止险情的进一步扩大。

（2）渗水是清水，但如果出逸点较高（黏性土堤防不能高于堤坡的1/3，而对于沙性土堤防，一般不允许堤身渗水），易产生堤背水坡滑坡、漏洞及陷坑等险情，也要及时处理。

（3）因堤防浸水时间长，在堤背水坡出现渗水。渗水出逸点位于堤脚附近，为少量清水，经观察并无发展，同时水情预报水位不再上涨或上涨不大时，可加强观察，注意险情的变化，暂不处理。

（4）其他原因引起的渗水。通常与险情无关，如堤背水坡江水位以上出现渗水，系由雨水、积水排出造成。

应当指出的是，许多渗水的恶化都与雨水的作用关系甚密，特别是填土不密实的堤段。在降雨过程中应密切注意渗水的发展，该类渗水易引起堤身凹陷，从而使一般渗水险情转化为重大险情。

5.5.1.4　穿堤建筑物接触冲刷

穿堤建筑物与土体结合部位，由于施工质量问题，或不均匀沉陷等因素发生开裂、裂缝，形成渗水通道，造成结合部位土体的渗透破坏。这种险情造成的危害往往比较严重，应给予足够的重视。

接触冲刷的判别方法如下：

（1）对于设有安全监测点的新建或已建的穿堤建筑物，如设置了测压管和渗压计等，汛期应有专人检测，及时分析堤身、堤基渗压力变化，即可分析判定是否有穿堤建筑物接触冲刷险情发生。

（2）没有设置安全监测设施的穿堤建筑物，可以从以下几个方面加以分析判别：

①查看建筑物背水侧渠道内水位的变化，也可做一些水位标志进行观测，帮助判别是否产生接触冲刷。

②查看堤背水侧渠道水是否浑浊，并判定浑水是从何处流进的，仔细检查各接触带出口处是否有浑水流出。

③建筑物轮廓线周边与土结合部位处于水下，可能在水面产

生冒泡或浑水，应仔细观察，必要时可进行人工探摸。

④接触带位于水上部分，在接合缝处（如八字墙与土体接合缝）有水渗出，说明墙与土体间产生了接触冲刷，应及早处理。

5.5.1.5 堤防滑坡

（1）堤防滑坡俗称脱坡，是由于边坡失稳下滑造成的险情。堤防滑坡通常先由裂缝开始，在堤顶或堤坡上产生裂缝或蛰裂，随着裂缝的逐步发展，主裂缝两端有向堤坡下部弯曲的趋势，且主裂缝两侧往往有错动。根据滑坡范围，一般可分为深层滑动和浅层滑动。堤身与基础一起滑动为深层滑动，滑动面较深，滑动面多呈圆弧形，滑动体较大，堤脚附近地面往往被推挤外移、隆起；堤身局部滑动为浅层滑动，滑动范围较小，滑裂面较浅。以上两种滑坡都应及时抢护，防止继续发展。

（2）堤防滑坡预兆：

①堤顶与堤坡出现纵向裂缝；

②堤脚处地面变形异常；

③临水坡前滩地崩岸，逼近堤脚；

④临水坡坡面防护设施失效。

汛期一旦发现堤顶或堤坡出现了与堤轴线平行而较长的纵向裂缝，必须引起高度警惕，仔细观察，并做必要的测试，如缝长、缝宽、缝深，缝的走向以及缝隙两侧的高差等，必要时要连续数日进行测试并作详细记录。当裂缝左右两侧出现明显的高差，其中位于离堤中心远的一侧低，而靠近堤中心的一侧高；或者裂缝开度继续增大，裂缝的尾部走向出现了如图5.6所示的明显向下弯曲的趋势时，发生滑坡的可能性很大。

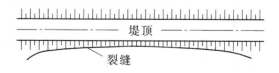

图5.6　滑坡前兆示意图

另外，从发现第一条裂缝起，在几天之内与该裂缝平行的方向相继出现数道裂缝，或者发现裂缝两侧土体明显湿润，甚至发现裂缝中渗水等情况，则发生滑坡的可能性同样很大。

在汛期，特别是在洪水异常大的汛期，应在重要堤防，包括软基上的堤防、曾经出现过险情的堤防堤段，临时布设一些观测点，及时对这些观测点进行观测，以便随时了解堤防坡脚或离坡脚一定距离范围内地面变形情况，若发现堤脚下或堤脚下某一范围隆起，堤脚下某一范围内明显潮湿，变软发泡，预示着可能发生滑坡。

汛期洪水位较高，风浪大，对临水坡坡面冲击较大。一旦某一坡面处的防护被毁，风浪直接冲刷堤身，使堤身土体流失，发展到一定程度也会引起局部的滑坡。

在汛期或退水期，堤防前滩地常常发生崩岸。当崩岸逼近堤脚时，堤脚的坡度变陡，压重减小。这种情况一旦出现，极易引起滑坡。

5.5.1.6 河堤崩岸

河堤崩岸是指在水流冲刷下堤防临水面土体崩落的险情。在堤外无滩或滩地极窄的情况下，崩岸将会危及堤防的安全。堤岸被强环流或高速水流冲刷淘深，岸坡变陡，使上层土体失稳而崩塌。

河堤崩岸判别：

（1）崩岸险情发生前，堤防临水坡面或顶部常出现纵向或圆弧形裂缝，进而发生沉陷和局部坍塌。因此，裂缝往往是崩岸险情发生的预兆。必须仔细分析裂缝的成因及其发展趋势，及时做好抢护崩岸险情的准备工作。

（2）崩岸险情的发生往往比较突然，事先较难判断。它不仅常发生在汛期的涨、落水期，在枯水季节也时有发生。随着河势的变化和控导工程的建设，原来从未发生过崩岸的平工也会变为险工。因此，凡属主流靠岸、堤外无滩、急流顶冲的部位，都有发生崩岸险情的可能，都要加强巡查，加强观察。

（3）勘查分析河势变化，是预估崩岸险情发生的重要方法。要根据以往上下游河道险工与水流顶冲点的相关关系和上下游河势有无新的变化，分析险工发展趋势；根据水文预报的流量变化和水位涨落，估计河势在本区段可能发生变化的位置；综合分析研究，判断可能的出险河段及其原因，做好抢险准备。

5.5.1.7　堤身裂缝

堤身裂缝是常见的一种险情，也可能是其他险情的先兆，因此对裂缝应引起足够的重视。堤身裂缝按其出现的部位可分为表面裂缝、内部裂缝，按其走向可分为横向裂缝、纵向裂缝、龟纹裂缝，按其成因可分为沉陷裂缝、滑坡裂缝、干缩裂缝、震动裂缝等。其中，以横向裂缝和滑坡裂缝危害性最大，应加强监视监测，及早抢护。

5.5.1.8　堤防跌窝

堤防跌窝俗称陷坑，一般指在大雨过后或在持续高水位的情况下，堤防突然发生的局部塌陷。陷坑在堤顶、堤坡、戗台(平台)及堤脚附近均有可能发生，这种险情既破坏堤防的完整性，又有可能缩短渗径，往往是由管涌或漏洞等险情所造成的。

5.5.2　堤防险情评估

堤防在汛前要进行安全评估，其目的是把汛前的险情调查、汛期的巡查与安全评估相结合，以便判断出险情的严重程度，使领导和参加抗洪抢险的人员做到心中有数，同时便于按险情的严重程度，区别轻重缓急，安排除险加固。

为便于险情程度划分并促进险情程度划分的规范化，表5.1给出了适用于1～3级堤防工程险情程度划分的参考意见，把各类险情划分为重大险情、较大险情和一般险情三种情况。但是各种险情都是随着时间的推移而变化的，很难进行定量的判断。表5.1中能量化的指标，建议在严谨、科学、适用的基础上，通过实践、科研等方法加以确定。

表 5.1 堤防工程险情程度划分

险情分类	重大险情	较大险情	一般险情
漏洞	贯穿堤防的漏水洞	尚未发现漏水的各类孔洞	
管涌	距堤脚的距离小于 15 倍水位差（或 100 m 以内），出浑水；计算的水力坡降大于允许坡降	距堤脚 100 ~ 200 m，出浑水，出水口直径出水量较大	
渗水	渗浑水或渗清水，但出逸点较高	渗较多清水，出逸点不太高，有少量沙粒流动	渗清水，出逸点不高，无沙粒流动
穿堤建筑物接触冲刷	刚体建筑物与土体结合部位出现渗流，出口无反滤保护		
漫溢	各种情况		
风浪	风浪淘刷或浪坎 10 ~ 20 cm		
滑坡	深层滑坡或较大面积的深层滑坡；计算的安全系数小于允许值	小范围浅层滑坡	浅层裂缝，或缝宽较细，或长度较短
崩岸	主流顶冲严重，堤脚附近无滩地，或滩地较窄且崩岸发展较快	堤脚附近有一定宽度的滩地，且崩岸发展速度不快	
裂缝	贯穿性横缝	纵向裂缝	
跌窝	经鉴定，与渗水、管涌有直接关系，或坍塌持续发展，或坍塌体积较大；或沉降值远大于计算的允许值	背水侧有渗水、管涌	背水侧无渗水、管涌，或坍塌不发展，或坍塌体积小，坍塌位置较高

第6章　堤防工程附属设施维护

根据《堤防工程管理设计规范》（SL 171—96）规定，堤防附属工程设施包括观测、交通、通信设施，测量控制标点，护堤哨所，界碑里程碑及其他维护管理设施。

6.1　标志牌、警示牌

（1）标志牌和警示牌的标准形状、尺寸、颜色等参数按照设计资料确定。

（2）标志牌、警示牌选用的材质应经济、耐用、防盗，紧急时可采用喷漆、安放移动标志牌等临时措施处理。标志牌、警示牌表面应洁净，牌上字体应完整、清楚、镶嵌牢固。标志牌、警示牌被盗或牌上字体缺损变形应及时更换或维修。

（3）标志牌、警示牌应安装牢固，立柱应保持直立，无摇动。

（4）在已发生或易发生安全事故的河段及下河通道入口应设置警示牌。利用堤顶设置公路时，还要设置交通警示牌、交通标线和防护设施。

（5）在控制采砂河段、拦河闸（坝）、水闸、泵站、取水口、大型排水口、责任分界点和重要跨河、临河设施处设置标志牌，公布工程名称、管理单位名称、养护单位名称、责任人和联系方式等内容。

6.2 拦漂设施

（1）及时清除拦漂设施上的垃圾、水浮莲等漂浮物。

（2）拦漂设施应经常进行养护、维修，使其处于完好状态。拦漂设施松动、变形、缺档或断裂时，应及时修理或更换。

6.3 安全、监控设施

（1）护栏、栏杆发生变形、损坏、风化，应及时维修；立柱及水平构件松脱，应及时紧固或更换，护栏表面应保持洁净。金属护栏表面应定期油漆，一般为一年一次。护栏、栏杆修复后应与原结构、材质、色调一致。

（2）监控设施应保持完好，发生失灵损坏应按原设计标准尽快修复。

（3）防撞墩、限位墩应保持完好，无位移，损坏或被偷盗的，应及时修复或补设。

（4）里程碑、界桩、护栏、防撞墩、限位墩、监控设施等发生变形、损坏、缺失的，应随时修复或更换，里程碑桩号发生变化的，作好记录与核对，及时整理资料并归档。

6.4 水 尺

（1）水尺表面应保持洁净，擦洗工作每季不得少于一次。刻度线、读数应保持醒目清楚。

（2）水尺紧固件（螺栓、螺帽）应经常检查，每年汛前应进行紧固除锈、涂刷油漆。

（3）水尺高程每两年应"水准测量"校核一次，若高程与读数之间误差大于 10 mm，水尺必须重新安装。

6.5 救生设施

（1）上岸扶梯和紧固件（螺栓、螺帽）应经常检查，每年汛前应进行紧固除锈、涂刷油漆。

（2）下河通道应及时清除杂草和障碍物，保持路面平整。

（3）每半年对示警喇叭、示警灯具、监控设备和通信设备进行检测，不符合要求的及时进行更换。

（4）巡查养护船应配备足够的安全设备和通信设备。

6.6 防汛道路

防汛道路应满足抢险通车要求，路面应保持完整、平坦，坑洼、塌陷处应及时修复，相关维修养护参照市政道路标准执行。

汛期，堤顶道路作为主要防汛通道，基本要求如下：

（1）防汛路面应达到路拱明显，路拱坡度宜保持在 2% ~ 3%。路面饱满平坦、无裂缝、无坑、无明显凹陷、无车槽，平均每 5 m 长堤段纵向高差不应大于 0.1 m。应及时清扫，排除积水。

（2）路牙应保持顺直、无倾斜、破损。平时关闭拦路杆，除防汛抢险专用车辆外，其他车辆禁止通行。

6.7 管理设施、抢险物资

（1）管理站房完好、美观和整洁；

（2）通信、供电和交通设备完好；

（3）防汛抢险物资储备满足要求，抢险器材完好。

根据《中华人民共和国防洪法》，结合实际情况，制定防汛物资管理制度。各单位主管部门要切实加强对物资储备的管理，做到制度健全、责任明确、人员落实，并实行主管领导负责制和管理人员责任制。各单位应根据实际情况，制定物资管理人员责任制度，明确各自的责任。

防汛物资包括油料、石料、铅丝、铅丝笼片、救生衣、麻料、袋类、木桩等耗材，也包括汽车、防汛冲锋舟、抢险灯具、锹、镐、钳等小型工器具。铅丝、编织袋、木桩等物料的储存要做到安全可靠、存取方便、摆放整齐、干燥通风等，保证物料的安全和供应。

防汛物资储备管理要求做到物资定额储备，保证物资安全、完整，保证及时调用。防汛物资的采购计划编制要遵循"总量控制、统筹安排、保证重点、严格标准"的原则，保证防汛和各项工作的正常需要。

防汛物资管理要做到专人专管，分级负责。作好防汛储备物资的日常管理工作，定期向防洪抗旱指挥部办公室报送防汛物资储备管理情况。

每年汛前，按防汛抗旱指挥部办公室要求，认真作好储备物资发放的各项准备工作。每年汛后，动用了防汛储备物资的，代储单位要及时清点，并向防汛指挥部报告防汛物资动用和库存情况并补齐、充实。

市级防汛储备物资属专项储备物资，必须"专物专用"，未经防汛指挥部批准，任何单位和个人不得动用。

使用防汛抢险物资，必须按照防汛抢险有关规定和审批权限办理手续，不得超越审批权限，紧急抢险时可以边使用边申报。

根据防汛抢险实际需要的数量办理"领料单"，经防汛指挥部领导批准后领取防汛抢险物资。物资管理人员认真填写"入库单"和"出库单"。在汛情紧急的情况下，防汛指挥机构有权在其管理范围内调用所需的物资、设备，事后应当及时归还或者给予适当补偿。

异地抢险需动用防汛物资时，受援地提出申请，经防汛指挥部领导同意后，统一调拨。

6.8　照明设施

由河道部门管理的照明设施应保持完整，如有毁坏、遗失，应当及时维修或更换。

6.9　排水设施

（1）排水设施应保持完好，检查井、雨水口应通顺。

（2）穿越堤防的排水管道，应防止高水位时潮（洪）水倒灌。外侧潮门（拍门）及内侧闸门应确保启闭灵活。

（3）排水管道、检查井应按相关规范定期疏通清捞。检查井井盖损坏应及时更换。

（4）拍门应定期检修保养；转动轴部件在每年汛前进行检修，汛后进行加油保养。

已建堤防部分排水设施如图 6.1 所示。

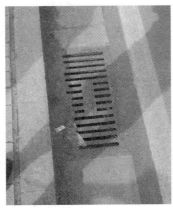

图 6.1　已建堤防部分排水设施

6.10　电气设备

（1）电动机外壳养护。

①电动机的外壳应保持无尘、无污、无锈。

②接线盒应防潮，压线螺栓如有松动，应立即旋紧。

③接线盒的润滑应保持填满腔内容积的 1/2~1/3，油质合格。轴承如有松动、磨损，应及时更换。

④绕组的绝缘电阻值应定期检测，小于 0.5 MΩ时，应干燥处理，如绝缘老化，可刷绝缘漆或更换绕组。

（2）操作设备养护。

①开关应经常打扫，保持箱内整洁；设置在露天的开关箱应防雨、防潮。

②各种开关、继电保护装置应保持干净，触点良好，接头牢固。

③主令控制器及限位装置应保持定位准确可靠，触点无绒毛现象。

④保险丝必须按规定规格使用，严禁用其他金属丝代替。

（3）输电线路养护。

①各种电力线路、电缆线路、照明线路应防止发生漏电、短路、断路虚连等现象。

②线路接头应连接良好，并注意防止铜铝接头锈蚀。

③经常清除架空线路上的树障，保持线路畅通。

④定期测量导线绝缘电阻值，对一次回路、二次回路及导线间的绝缘电阻值不应小于 0.5 MΩ。

（4）指示仪表及避雷器等均应按供电部门的有关规定定期校验。

（5）线路、电动机、操作设备、电缆等维修后必须保持接线顺序正确，接地可靠。

（6）自备电源的柴油发电机应按有关规定定期养护维修，与电网联网的应按供电部门规定要求执行。

（7）防雷设施应遵守下列规定：

①避雷针（线、带）及引下线如锈蚀量超过截面以上30%时，应予更换。

②导电部件的焊点或螺栓接头如脱焊、松动应补焊或旋紧。

③接地装置的接地电阻值不应大于 10 Ω，如超过规定值的20%，应增设补充接地极。

④电气设备的防雷设施应按供电部门的有关规定进行定期校验。

⑤防雷设施的架构上，严禁架设低压线、广播线及通信线。

第7章 涵闸与泵站养护修理

7.1 概 述

穿堤建筑物是堤防工程中最薄弱的部位，往往因设计、施工、管理等原因，在运营中易出现问题。

涵闸与泵站是最常见的穿堤建筑物（如图 7.1 所示），常见的问题有不均匀沉陷、止水设施失效、闸门震动、闸门漏水、混凝土裂缝、混凝土渗水、下游消能工程破坏等。另外，闸门的启闭机械在使用过程中磨损、受力、振动和失效等，会引起设备的动力性、经济性和安全可靠性能降低。因此，必须根据设备状况、技术要求等，进行养护修理，消除隐患和故障。

图 7.1 部分涵闸、泵站实景

长株潭湘江防洪堤及景观道路工程的涵洞洞口形式为八字墙，涵洞洞身有圆管涵及盖板涵两种。圆管涵的管身由钢筋混凝土构成，采用预制安装，预制长度通常为 2 m。

长株潭湘江防洪堤及景观道路工程新建改建涵闸 59 座。各水闸属于涵洞式，用于穿堤引（排）水，闸室结构为封闭的涵洞，在进口或出口设闸门，洞顶填土与闸两侧堤顶平接即可作为路基而不另设交通桥。

长株潭湘江防洪堤及景观道路工程扩建、新建电排站 22 处。各泵站由水泵、机电设备及配套建筑物组成，其中油箱、电机和泵是主要部件，辅助设备如供油设备、充水设备、供排水设备、通风设备、起重设备等，可根据实际情况增减。

涵闸与泵站的养护修理记录可参考附表 12~附表 24。

7.2 水闸养护修理

水闸养护修理包括日常运营检查、观测及养护修理等内容。

7.2.1 水闸运营检查

7.2.1.1 经常检查

1）检查范围和周期

水闸管理单位应经常对水闸建筑物各部位，闸门，启闭机，机电设备，通信设施，管理范围内的河道、堤防和水流形态等进行检查。检查周期每月不得少于一次。当水闸达到设计水位运行时，每天至少检查一次。当水闸遭受到不利因素影响时，对容易发生问题的部位应加强检查观察。

2）检查内容

（1）管理范围内有无违章建筑和危害工程安全的活动，环境应保持整洁、美观。

（2）土工建筑物有无雨淋沟、塌陷、裂缝、渗漏、滑坡和害兽等，堤闸结合部临水侧截水设施是否完好。背水侧排水系统、倒渗及减压设施有无损坏、堵塞、失效，堤闸连接段有无渗漏等迹象。

（3）检查水闸的土石方工程有无塌陷、松动、隆起、底部淘空、垫层散失，墩、墙有无倾斜、滑动、勾缝脱落，排水设施有无堵塞、损坏等迹象。在高水位时，检查堤闸接头、土石（或混凝土）结合部位、背水坡、堤（坝）脚等处有无散浸、漏水、管涌、块石护坡、护岸，检查有无块石翻起、松动、塌陷、缺失、垫层流失、底部淘空、风化等损坏现象。对上、下游翼墙，挡土墙等，主要检查墙体有无倾斜、滑动、勾缝脱落，排水管有无堵塞、损坏等现象，减压井、反滤设施等渗水是否有异常变化、浑浊或别的颜色。

（4）混凝土建筑物（含钢丝网水泥板）有无裂缝、腐蚀、磨损、剥蚀、露筋（网）及钢筋锈蚀等情况；伸缩缝止水有无损坏，有无错动、漏水及填充物流失等情况。

（5）水下工程有无冲蚀破坏，消力池、门槽内有无沙石堆积，伸缩缝止水有无损坏，门槽、门坎的埋件有无损坏；上、下游引河有无淤积、冲刷等情况。

（6）闸门有无表面涂层剥落、汀体变形、锈蚀、焊缝开裂或螺栓、铆钉松动，支承行走机构是否运转灵活，止水装置是否完好等。

（7）启闭机械是否运转灵活、制动准确，有无腐蚀和异常声响；钢丝绳有无断丝、磨损、锈蚀、接头不牢、变形；零部件有无缺损、裂纹、磨损及螺杆有无弯曲变形；油路是否畅通，油量、油质是否合乎规定要求等。

（8）机电设备及防雷设施的设备、线路是否正常，接头是否牢固，安全保护装置是否动作准确可靠，指示仪表是否正确、接地可靠，绝缘电阻值是否合乎规定，防雷设施是否安全可靠，备用电源是否完好可靠。

（9）水流形态，应注意观察水流是否平顺，水跃是否发生在消力池内，有无折冲水流、回流、旋涡等不良流态；引河水质有无污染。

（10）照明、通信、安全防护设施及信号、标志是否完好。

7.2.1.2 定期检查

检查范围和周期：每年汛前、汛后或用水前后，应对水闸各部位及各项设施进行全面检查。汛前着重检查岁修工程完成情况、度汛存在问题及措施；汛后着重检查工程变化和损坏情况，据以制订岁修工程计划。冰冻期间，还应检查防冻措施落实及其效果等。

检查内容时，可参考经常检查的内容，如果养护情况良好，则应侧重汛后水闸情况的检查。

7.2.1.3 特别检查

当水闸遭受特大洪水、强烈地震和发生重大工程事故时，必须及时对工程进行特别检查。

7.2.1.4 安全鉴定

水闸投入运用后，每隔15~20年应进行一次全面的安全鉴定；当工程达折旧年限时，亦应进行一次；对存在安全问题的单项工程和易受腐蚀损坏的结构设备，应根据情况适时进行安全鉴定。安全鉴定工作由管理单位报请省河务局负责组织实施。

7.2.2 水闸观测

7.2.2.1 基本要求

水闸观测的基本项目有垂直位移、扬压力、裂缝、混凝土碳化、河床变形、水位、流量等，专门性观测项目有水平位移、绕渗、伸缩缝、水流形态、泥沙等。

观测项目应按设计要求确定，设计未作规定的，可结合工程具体情况和需要确定，必要时，可增列一些专门性观测项目。

7.2.2.2　水闸基本观测项目

1）垂直位移观测

（1）观测时间与测次。工程竣工验收后两年内应每月观测一次，以后可适当减少。经资料分析已趋稳定后，可改为每年汛前、汛后各测一次。当发生地震或水位超过设计最高水位、最大水位差时，应增加测次。水准基点高程应每年校测一次。

（2）观测时，应同时观测上、下游水位，过闸流量及气温等。

（3）垂直位移观测应符合现行国家水准测量规范要求，水准测量等级及相应精度应符合表 7.1 的规定。

表 7.1　垂直位移观测水准等级及闭合差限差

建筑物类别	水准基点—起测基点		起测基点—垂直位移点	
	水准等级	闭合差（mm）	水准等级	闭合差（mm）
大型水闸	一	$\pm 0.3\sqrt{n}$	二	$\pm 0.5\sqrt{n}$
中型水闸	二	$\pm 0.5\sqrt{n}$	三	$\pm 1.4\sqrt{n}$

注：n 为测站数。

2）水平位移观测

（1）观测时间和测次与垂直位移观测规定相同，工作基点在工程竣工后五年内应每年校测一次，以后每五年校测一次。

（2）每一测次应观测两测回，每测回包括正、倒镜各照准觇标两次并读数两次，取均值作为该测回的观测值。观测精度应符合表 7.2 规定。水闸工程主要观测设备见表 7.3。

表 7.2　视准线观测限差

方式	正镜或倒镜两次读数差	两测回观测值之差
活动觇牌法	2.0 mm	1.5 mm
小角法	4.0"	3.0"

表 7.3 水闸工程主要观测设备配备

序号	名称及规格	配置数量（台）		
		1 级	2、3 级	4、5 级
一	测量仪器			
1	经纬仪 J2 2"级	1		
	经纬仪 J1 6 级		1	1
2	水准仪 S1	1		
	水准仪 S3		1	1
二	水下测量设备			
	测探仪	1		
三	水位测量设备			
1	自记水位计	2	2	
2	流速仪	2	2	1
四	渗透观测设备			
	电测水位器	2	1	
五	其他设备			
1	计算机	1	1	
2	摄像机	1		
3	照相机	1	1	1
4	望远镜	1	1	1

3）扬压力和绕渗观测

（1）观测时间与测次。在工程竣工放水后两年内应每 5 天观测一次，以后可适当减少，但至少每 10 天应观测一次。当接近设计最高水位、最大水位差或发现明显渗透异常时，应增加测次。

（2）观测时必须同时观测上、下游水位，并应注意观测渗透的滞后现象，必要时还应同时进行过闸流量、垂直位移、气温、水温等有关项目的观测。

（3）测压管管口高程应按三等水准量测要求每年校测一次，闭合差限差为 $\pm 1.4\sqrt{n}$ mm（ n 为测站数）。

（4）测压管灵敏度检查应每 5 年进行一次，管内水位在下列时间内恢复到接近原来水位的，可认为合格：黏壤土为 5 d，沙壤土为 24 h，砂砾料为 12 h。

（5）当管内淤塞已影响观测时，应立即进行清理。如果灵敏度检查不合格，堵塞、淤积经处理无效，或经资料分析测压管已失效时，宜在该孔附近钻孔重新埋设测压管。

4）裂缝观测

（1）经工程检查，对于可能影响结构安全的裂缝，应选择有代表性的位置，设置固定观测标志，每月观测一次。裂缝发展缓慢后，可适当减少次数。在出现最高（低）气温、发生强烈地震，超标准运用或裂缝有显著发展时，均应增加测次。判明裂缝已不再发展后，可停止观测。

（2）在进行裂缝观测时应同时观测气温，并了解结构荷载情况。

5）混凝土碳化观测

（1）观测时间可视工程检查情况不定期进行。如采取凿孔用酚酞试剂测定，观测结束后应用高标号水泥砂浆封孔。

（2）测点可按建筑物不同部位均匀布置，每个部位同一表面不少于 3 点。测点宜选在通气、潮湿部位，但不应选在角、边或外形突发部位。

6）伸缩缝观测

（1）观测时间宜选在气温较高和较低时进行。当出现历史最高水位、最大水位差、最高（低）气温或出现伸缩缝异常时，应增加测次。

（2）观测标点宜设置在闸身两端边闸墩与岸墙之间、岸墙与翼墙之间建筑物顶部的伸缩缝上。当闸孔数较多时，在中间闸孔伸缩缝上应适当增加标点。

（3）观测时应同时观测上、下游水位、气温和水温。如发现伸缩缝缝宽上、下差别较大，还应配合垂直位移进行观测。

7）河势变化观测

应在每年汛前、汛后各观测一次，河床冲刷或淤积较严重、河势明显变化时，应增加测次。

8）水流形态观测

水流形态观测包括水流平面形态和水跃观测，可根据工程运用方式、水位、流量等组成情况不定期进行。如发现不良水流，应详细记录水流形态，上、下游水位及闸门启闭情况，分析其产生的原因。

9）水位、流量、泥沙等项目观测

可参照现行水文观测规范的有关规定执行。

7.2.2.3 水闸观测资料整理、整编

观测结束后，应及时对资料进行整理、计算和校核，每年进行一次资料整编。

资料整编应包括以下内容：

（1）收集观测原始记录与考证资料及平时整理的各种图表等。

（2）观测成果进行审查复核。

（3）选择有代表性的测点数据或特征数据，填制统计表和曲线图。

（4）分析观测成果的变化规律及趋势，与设计情况比较是否正常，并提出相应的安全措施和必要的操作要求。

（5）编写观测工作说明。

资料整编成果应符合以下要求：

（1）考证清楚，项目齐全，数据可靠，方法合理，图标完整，说明完备。

（2）图形比例尺满足精度要求，图面应线条清晰均匀，注字工整整洁。

（3）表格及文字说明端正整洁，数据上下整齐，无涂改现象。

资料整编成果应提交上级主管部门审查。

水闸管理单位必须对发现的异常现象作专项分析，必要时可会同科研、设计、施工人员作专题研究。

7.2.2.4　水闸观测及附属设施维修养护

（1）水平、垂直位移等观测基点于每年3月定期进行校测；当基点表面不清洁、有锈斑时，应及时清扫干净，用细砂布除锈，并涂抹钙基油脂，防止进一步锈蚀。

（2）水平、垂直位移等观测基点有缺损时，应及时用相同材料恢复，并进行相关测量、校核。

（3）水平、垂直位移等观测基点的基底混凝土或其他部位损坏时，应使用相同强度等级的混凝土或其他材料维修，恢复原状，设置保护措施，防止再次损坏，并进行有关测量校核。

（4）水平、垂直位移观测基点的保护设施保护盖和螺栓因风雨侵蚀润滑状况不好、开启不方便、发生锈蚀时，应及时用砂布除锈，涂抹钙基油脂，并涂刷防锈漆保护。

（5）沉陷管、渗压管、渗流管等观测设施不完好、不能正常使用时，应采用相同规格型号的材料恢复，并对沉陷点进行有关测量校核，对渗压管疏通，达到正常观测使用。

（6）各观测设施的标志、锁盖、围栅或观测房不完好、不整洁、不美观时，应及时按标准要求恢复标志，修复锁盖、围栅及观测房，并达到美观要求。

（7）水准仪、经纬仪、全站仪、渗压和渗流观测仪、流速仪和流量仪、含沙量测量仪等观测仪器于每年2月定期校验、检测、保养，发现不准确时，应及时调整或更换，始终保持好准确状态。

（8）水闸上、下游自动水位计应经常检查，发现损坏或检测不准确时，应及时校正、修复或更换新件。

（9）水闸上、下游水尺安装不牢固时，应采取措施重新安装牢固，并进行有关测量校核；水尺表面不清洁、挂有杂草或杂物，影响读取水位时，应及时将杂草、杂物清除；水尺标尺数字不清晰时，应重新刷涂刻度，并进行有关测量校核；水尺损坏时应更新，安装牢固，进行有关测量校核；水闸上、下游水尺应于每年3月进行校核。

（10）水闸监控设备不清洁，有尘埃时，应及时打扫，防止短路、放电现象产生；按管理规定和方法于每年的2月和9月现场校验检测仪表，保证其测量精度，检测仪表损坏或不准确时，应更换新仪表；监测和监控设备工作不正常、数据不准确、图像不清晰时，应及时更换损坏的部件和设备；及时紧固云台及控制器接头和屏蔽，避免图像被干扰、不清晰；当云台及控制器有故障时，应及时更换损坏部件或设备（如云台、解码器、主机与解码器之间的通信部件或设备）；按管理规定和办法养护云台及设备的防雷设施，避免出现故障，当防雷系统的部件或设备损坏时，应及时更换新件。

（11）水闸避雷设施应于每年春季按规定检测接地电阻，并保持接线牢固、接地可靠；当电阻值达不到规定值时，应更换接地母线；避雷器支架上架设其他线路时，应及时清除，防止夏季下雨时遭遇雷击触电；避雷器支架的防腐层局部脱落时，应及时除锈、刷漆修补。

7.2.3 水闸养护修理

7.2.3.1 水闸日常运营

水闸管理单位应按年度或分阶段制订运营计划，报上级主管部门批准后执行。有防洪任务的水闸，汛期的运营计划应同时报送有管辖权的人民政府防汛指挥部备案，并接受其监督。各类水闸的控制运用应符合下列要求。

1）分洪闸

（1）当接到分洪预备通知后，立即做好开闸前的准备工作。

（2）当接到分洪指令后，必须按时开闸分洪。开闸前，鸣笛报警。

（3）分洪初期，严格按照实施细则的有关规定进行操作，并严密监视消能防冲设施的安全。

（4）分洪过程中，应随时向上级主管部门报告工情、水情变化情况，并及时执行调整闸门泄量的指令。

2）排水闸

（1）冬春季节控制适宜于农业生产的闸上水位；多雨季节遇有降雨天气预报时，应适时预降内河水位；汛期应充分利用外河水位回落时机排水。

（2）双向运用的排水闸，在干旱季节，应根据用水需要，适时引水。

（3）蓄、滞洪区的退水闸，应按上级主管部门的指令按时退水。

3）引水闸

（1）根据需水要求和水源情况，有计划地进行引水。如外河水位上涨，应防止超量引水。

（2）来水含沙量大或水质较差时，应减少引水流量，直至停止引水。

（3）多泥沙河道上的引水闸，如闸上最高水位因河床淤积抬高超过规定运用指标时，应停止使用，并采取适当的安全度汛措施。

7.2.3.2　水闸养护修理基本原则

（1）岁修、抢险和大修工程，均应以恢复原设计标准或改善局部工程原有结构为原则；在施工工程中应确保工程质量和安全生产。

（2）抢修工程应做到及时、快速、有效，防止险情发展。

（3）岁修、大修工程应按批准的计划施工，影响汛期使用的工程，必须在汛前完成。完工后，应进行技术总结和竣工验收。

（4）养护修理工作应作详细记录。

7.2.3.3　水闸土工建筑物养护修理

（1）堤（坝）发生渗漏、管涌现象时，应按照"上截下排"的原则及时进行处理。

（2）非滑动性的内部深层裂缝，宜采用灌浆处理；对自表层延伸至堤（坝）深部的裂缝，宜采用上部开挖回填与下部灌浆相结合的方法处理。裂缝灌浆宜采用重力或低压灌浆，并不宜在雨季或高水位时进行。当裂缝出现滑动迹象时，则严禁灌浆。

（3）堤（坝）出现滑动迹象时，应针对产生原因按"上部减载、下部减重"和"迎水坡防渗、背水坡导渗"等原则进行处理。

（4）河床冲刷坑已危及防冲槽或河坡稳定时应立即抢护。一般采用抛石或沉排等方法处理；不影响工程安全的冲刷坑，可不作处理。

（5）河床淤积影响工程效益时，应及时采用人工开挖、机械疏浚或利用泄水结合机具松土冲刷等方法清除。

7.2.3.4 水闸石工建筑物养护修理

（1）浆砌块石墙墙身渗漏严重的，可采用灌浆处理；墙身发生倾斜或滑动时，可采用墙后减载或墙前加撑等方法处理；墙基出现冒水、冒沙现象，应立即采用墙后降低地下水位和墙前增设反滤设施等方法处理。

（2）水闸的防冲设施（防冲墙、海漫等）遭受冲刷破坏时，一般可加筑消能设施或抛石笼、柳石枕和抛石等方法处理。

（3）水闸的反滤设施、减压井、导渗沟、排水设施等应保持畅通，如有堵塞、损坏，应予疏通、修复。

7.3 闸门养护修理

长株潭湘江防洪堤及景观道路工程中改扩建或者新建水闸的闸门均为平板钢闸门，配以螺杆式启闭设备。

闸门养护后的质量应符合原设计标准或规范标准。部分实用闸门见图7.2。

（a）闸门　　　　　　（b）闸墩及闸门槽

图7.2　部分实用闸门

7.3.1 平板钢闸门日常检查内容

（1）闸门的门叶、门槽、底坎等处清洁情况，梁系框格内积水情况。

（2）闸门防腐情况。

（3）闸门启闭运行情况。

（4）闸门各部位的紧固部件松动和损坏情况。

（5）主轮、侧轮、支铰等转动部件状况。

（6）钢闸门的面板及主要部件损害或病患情况。

（7）钢闸门的焊缝及其热压力区异常情况。

（8）钢闸门面板变形情况。

（9）钢闸门的固定情况。

（10）闸门的胶木滑块磨损情况。

（11）闸门止水状况。

（12）闸门的支撑行走装置、吊耳、链接螺栓、锁定等装置使用情况。

（13）闸门轨道（弧门的轨板、铰座）、门楣、底坎、止水座板、钢衬砌及门槽通气孔等埋件情况。

（14）闸门叶上、下游泥沙淤积及漂浮物情况。

7.3.2 平板钢闸门养护标准

（1）闸门门叶清洁，无水生物、杂草和污物附着，门体上的落水孔保持畅通，梁系框格内无积水。

（2）闸门面板及主要构件无明显的局部变形、裂缝或断裂，采取有效的防腐措施，防腐涂膜无破损、裂纹、生锈、鼓包、脱落等现象。

（3）闸门各部位的紧固部件无松动和损坏，所有运转部位润滑完好、油路通畅、油量适中、油质合格。

（4）闸门滑块或主轮无破损、裂纹、老化，闸门运行时无偏斜、卡阻现象，部分开启时振动无异常。

（5）牺牲阳极与闸门的固定及短路连接保持良好，牺牲阳极工作面清洁，部分开启时振动无异常。

（6）闸门止水完好，无破损、老化，设计水头下每米长度渗漏量不大于 0.2 L/s，止水橡皮适时调整，门后无水流散射现象。

（7）闸门埋件防腐涂层无脱落，埋件的二期混凝土无破损和小孔洞。

7.3.3 平板钢闸门日常养护方法

7.3.3.1 清理

（1）闸门门体上不得有油污。

（2）闸门槽、门库和门枢等部位常会被树木、钢丝、块石或其他杂物卡阻，影响闸门的正常运行。其中，浅水中的建筑物可用竹篦、木杆进行探摸，利用人工或水力清除；深水中的较大建筑物，应定期进行潜水检查和清理。有条件的，可在门槽、门库上部设置简易启闭机房或防护盖。

7.3.3.2 观测调整

（1）闸门运行时，应注意观察闸门是否平衡，有无倾斜、跑偏现象。

（2）止水橡皮应紧密贴合于止水座上，止水不严密或有缝隙，必然造成漏水。

7.3.3.3 清淤

闸门在泥沙力作用下，负荷加重，运行困难，或因泥沙淤堵，闸门落不到底，孔口密封不严造成漏水。所以，必须定期输水排沙，或利用高压水枪在闸室范围内进行局部清淤。

7.3.3.4 拦污栅清污

在水草和漂浮物多的河流上，应注意检查，定期进行清污。

7.3.3.5 防风浪

有时风浪进入潜孔闸门门前喇叭口段，水体扩散不畅，对闸门形成不完整水锤作用，对闸门安全有很大威胁，则需设置防浪板或在胸墙底梁开扩散孔的办法加以解决。

7.3.4 平板钢闸门养护措施

（1）闸门门叶不清洁，表面有水生物、杂草、污物附着时，选用适当的溶剂、清洁剂或乳化剂清洗基体金属表面的油脂及其他污物，采用手工、动力工具、喷射（或抛射）清除基体金属表面的不良氧化皮、铁锈、老化的油气层、水生物和杂草等。

（2）闸门门体上的落水孔有污泥、杂草等堵塞，不畅通时，采用手工、钢筋杠等工具疏通。梁系框格内有积水时，人工清除，并用棉布擦干，防止生锈。

（3）钢结构闸门面板出现明显的局部变形、裂纹或断裂时，应将闸门吊出放到检修平台上，进行矫正，达到原设计尺寸。出现裂纹或断裂时，应重新焊接并加固补强。

（4）钢结构闸门面板防腐膜出现破损、裂纹、生锈、鼓包、脱落等现象时，采用喷涂涂料保护的方法处理。钢闸门面板防腐涂膜老化，有下列情形之一的，应重新涂防腐涂料：

①防腐蚀涂层裂纹较深的面积达 10% 以上或已出现深度达金属基面的裂纹；

②生锈、鼓包的锈点面积超过 2%，脱落、起皮的面积超过 1% 以上；

③粉化，用手指轻擦涂膜，沾满颜料或手指轻擦即露底。

喷涂新涂层之前，使用有关工具、粗砂布或化学清洁剂将老涂层清理干净并打毛处理。防腐涂层分干湿交替结构、水下结构和水上结构三种类型。喷防腐涂层时，应使用无气喷涂。防腐涂层处于干湿交替结构：底层喷涂环氧富锌防锈漆，厚 80 μm；中间层喷涂环氧云铁防锈漆，厚 100 μm；面层喷涂超厚浆型环氧沥青防锈漆，厚 200 μm。应干燥固化后再放入水中。防腐涂层处于水下结构：底层喷涂环氧富锌防锈漆，厚 80 μm；中间层喷涂环氧云铁防锈漆，厚 100 μm；面层喷涂超厚型环氧沥青防锈漆，厚 200 μm。应干燥固化后再放入水中。防腐涂层处于水上结构：底层喷涂红丹防锈漆，厚 80 μm；面层喷涂醇酸面漆，厚 50 μm。

钢结构闸门埋件防腐涂层脱落时，应使用有关工具、化学清洁剂、粗砂布等将涂层清理干净，并注意不能损伤周边的混凝土。

7.3.5 平板钢闸门常见故障处理

7.3.5.1 门叶

平板钢闸门一般可能出现的故障是闸门振动、门槽气蚀、闸门腐蚀或其他故障。

（1）由波浪冲击引起的振动：在闸门上游加设防浪栅、防浪排，以削弱波浪对闸门的冲击。

（2）因止水漏水而引起闸门振动：应调整止水位置或更换止水材料尺寸，使止水与止水座板紧密接触，漏水停止，闸门就不再振动。

（3）防止气蚀：对已遭气蚀部位需用耐气蚀材料补强，尽量使过水断面平整。

（4）钢闸门防腐蚀可采用涂装涂料等措施。钢闸门使用过程中，应对表面进行定期检查，发现局部锈斑、针状锈迹时，应及时补涂涂料，涂料品种应根据钢闸门所处环境条件、保护周期等情况选用。当涂层普遍出现剥落、鼓泡、龟裂、明显粉化等老化现象时，应全部重做新的防腐涂层。涂层干膜厚度不宜少于 200 μm。实施前，应认真进行表面处理，表面处理等级标准应符合《海港工程钢结构防腐蚀技术规定》（JTJ 230—89）中规定。

7.3.5.2 闸门行走支承装置及导向装置

行走支承装置是闸门的运行和承力部件，是门体和闸墩之间的过渡部分。常见故障有：主轮或台车机构润滑不良，转动不灵；轮轴与轴套之间由于泥沙颗粒过大造成的卡阻；胶木滑块由于轨道面不平直或粗糙度达不到要求，造成的启闭困难等。

对于闸门滚轮经常处于门槽内或闸门提不出门槽时，可采用集中润滑的方法（有油箱自由润滑和压力注油润滑两种型式），也可采用定时向闸门主轮、弧形闸门支铰、人字闸门门枢以及闸门吊耳轴销等部位注油的维护方法。

7.3.5.3 滚轮

（1）拆下锈死的滚轮，当轴承没有严重磨损和损伤时，可将轴与轴套清洗除垢，应注意将油道内的污油清洗干净，涂上新的润滑油。

（2）轴承间隙一般不应超过设计最大间隙的一倍，如因磨损过大超过允许范围，应更换轴套。

（3）轮轴磨损或锈蚀，应将轴磨光，采用硬镀铬工艺进行修复。镀层厚度一般可取 $100 \sim 200$ μm。滚轮检修后的安装标准必须达到表 7.4 的要求。

表 7.4　滚轮检修后安装标准

偏差名称	跨度	允许公差与偏差
平面定轮闸门 4 个滚轮中，其中 1 个与其余 3 个所在的平面的公差	≤ 10 000	+2
	> 10 000	+3
滚轮对平行水流方向的竖直面和水平面的倾斜度		< 2‰ 轮径
滚轮跨距偏差	< 5 000	± 2
	5 000 ~ 10 000	± 3
	> 10 000	± 4
同侧滚轮中心偏差		± 2

7.3.5.4 支铰

（1）先卸掉外部荷载，把门叶适当垫高，使支铰轴受力降低到最低限度，然后加以支撑固定，以利拔取支铰轴。

（2）视支铰轴磨损和锈蚀情况，进行磨削加工，并镀铬防锈。

（3）对于支铰轴不在同一轴线上的，应卸开支铰座，用钢垫片调整固定支座或移动支座的位置，使其达到相关规范的精度要求。

（4）清洗注油，安装复位。油槽与轴隙应注满油脂，并用油堵将油孔封闭。

7.3.5.5 闸门止水装置

闸门止水效果不好，不仅会严重漏水，还可能引起闸的振动，引起气蚀等。闸门橡皮止水装置应密封可靠，闭门时无翻滚、冒流现象。当门后无水时，应无明显的散射现象，每米长度的漏水量应不大于 0.2 L/s。当止水橡皮出现磨损、变形或止水橡皮自然老化、失去弹性且漏水量超过规定时，应予更换。更换后的止水装置应达到原设计的要求。

由于橡皮止水与钢止水是工程中最常见的，了解与掌握其维护与修理内容以及橡皮止水新旧接头的处理方法则十分重要。

（1）定期检查闸门止水的整体性，不得有断裂或撕损，止水与止水座板的接合是否紧密，止水座板有无变形等。

（2）闸门运行中检查止水是否有严重磨损。

（3）为防止橡皮止水老化，可在橡皮非摩擦面涂刷防老化涂料，同时，尽量避免使止水橡皮受烈日暴晒。木止水必须作好防腐、防虫蛀、防挤压劈裂及扭曲变形等，金属止水应作好防锈蚀、防气蚀。

（4）橡皮止水如更换新件，应用原水封压板在新橡胶水封上划出螺孔，然后冲孔，孔径应比螺栓小 1~2 mm，严禁烫孔。如果水封预埋件安装不良，而使橡胶水封局部撕裂的，除改善水封预埋件外，可割除损坏部分，换上相同规格尺寸的新水封。可将接头切割成斜面，并将它锉毛，涂上黏合剂黏合压紧，再用尼龙丝或锦纶丝缝紧加固，尼龙丝尽量藏在橡胶内不外露，缝合后再涂上一层黏合剂，保护尼龙丝不被磨损，2 d后才可使用。如采用生胶热压法黏合，胶合面应平整并锉毛，用胎模压紧，借胎模传热，加热温度为200 ℃左右，胶合后接头处不得有错位及凹凸不平现象。

止水橡皮更新或修理后，水封顶部所构成的平面不平度不得超过2 mm，水封与水封座配合的压缩量应保持2~4 mm。

（5）金属止水有棒式和片式两种。在拆除金属止水片时，如固定螺栓由于锈蚀而折断在螺孔内，可用比螺栓螺纹内径稍小的钻头钻掉螺栓的残余部分，再用与螺栓同规格的丝攻将螺孔清除干净，但应注意不要损坏原有螺孔的螺纹。对于气蚀及锈蚀原因引起的麻点、斑孔，可用焊补。焊补后应磨平至原有的粗糙度，并注意与止水板座间的间隙。安装金属止水时，应先把金属止水及座环清洗干净并使之干燥，再在止水座板上涂保护漆，然后装上金属止水片，并旋紧固定螺栓。固定金属止水板的螺栓旋紧后，应在钉头顶部再焊上合金锡或涂上环氧树脂黏合剂密封，以保护螺钉不致松脱或生锈。

7.3.5.6　闸门预埋件

（1）各种金属预埋件除轨道水上部位摩擦面可涂油脂保护外，其余部分，凡有条件的均宜涂坚硬耐磨的防锈涂料。要及时清理门槽的泥沙及杂物，若发现预埋件有松动、脱落、变形、锈蚀等现象要及时进行加固处理。

（2）埋件的检修须按情况分别处理：

①支承胶木滑道主轨表面的不锈钢脱落或磨损时，应拆下处理。

②支承工作轮的轨道，如有气蚀、锈蚀、磨损等缺陷，应作补强处理；如损坏变形较大，宜更换新的。

③止水座板及底坎等，由于安装不牢受水流冲刷，泥沙磨损或修饰等原因发生松动、脱落时，应予整修并补焊牢固。

④胸墙檐板和侧止水座板发生锈蚀时，一般可采用涂刷油漆涂料或环氧树脂涂料护面，有条件的，也可采用喷镀不锈钢或有色金属材料护面。

⑤各种钢材制造的阀门座发生裂缝时，应按金属结构焊补方法进行焊补，不能焊补的应更换部件。

7.3.5.7 承载构件

钢门体的承载构件发生变化时，应核算其强度和稳定性，并及时矫形、补强或更换。局部构件锈损严重的，应按锈损程度，在其相应部位加固或更换。吊耳板、吊座、绳套出现变形、裂纹或锈损严重时应更换，闸门行走支承装置的零部件出现下列情况时应更换。

（1）压合胶木滑道损伤或滑动面磨损严重。

（2）轴和轴套出现裂纹、压陷、变形、磨损严重。

（3）主轨道变形、断裂、磨损严重或瓷砖轨道掉块、裂缝、釉面剥落。

更换的零部件规格和安装质量应符合原设计要求。

7.4 启闭机养护修理

7.4.1 启闭机日常运营

依据设计资料，长株潭湘江防洪堤及景观道路工程采用螺杆式启闭机。

7.4.1.1 启闭机操作程序

（1）凡有锁定装置的，应先将其打开。

（2）合上电器开关，向启闭机供电。

（3）启动驱动电机。对于固定式启闭机，启动驱动电机，闸门即行开启。

（4）闸门运行至预定开度，由手动操作或由控制器停机切断电源。固定式启闭机开门时间长，加锁定装置。拉开电器开关，切断电源。

（5）监视启闭机运行情况，必须注意是否超载。关闭闸门时，不得在不给电的情况下，单独打开制动器降落闸门。高扬程卷扬式启闭机在运行中，特别注意钢丝绳排列是否整齐，排绳机构运转是否正常。

7.4.1.2 注意事项

（1）应将吊具起升一定高度，如有车辆通过，应超过限高 2.5 m 以上。

（2）确认锁定已经打开，以防出现大的事故。

（3）将抓梁放到仓库，并支承牢固。

（4）切断启闭机的总电源，认真填好运行记录。

（5）作好现场的清理工作，保持环境整洁。

（6）作好以下安全保护工作。

①防火：不得采用明火烘烤机组；易燃易爆品不得堆放在启闭机附近；会使用消防器材，并严加保管；如发生火灾，应立即切断电源并报警抢救。

②防止人身伤亡事故：启闭机运转部位，必须有防护设施；没有保护盖的电闸，不准在带荷下直接投合或拉开；电器设备外壳必须接地。

③进人孔或通气孔应根据情况设置井盖或保护罩。

7.4.1.3 启闭机故障产生原因及处理

启闭机在操作运行过程中，如发生突然停车、制动器失灵、闸门下滑等故障，需分析故障产生的原因并及时处理。

1）突然停车的原因与处理

（1）停电。由电器专门人员进行检查，若发生大面积停电应启用备用电源。

（2）保险丝烧断。更换保险丝，换前检查是否有短路或接地现象，再行处理。

（3）限位开关误动作，应重新调整好。

（4）过流保护器动作。说明电动机电流过大，应检查闸门是否发生倾斜，制动器是否有过紧现象。

2）制动器失灵，闸门下滑的原因与处理

（1）制动器闸瓦间隙过大。

（2）闸瓦的夹紧力过小。调整工作弹簧的长度，增加夹紧力。

（3）闸瓦磨损且铆钉已经凸出，并摩擦制动轮，应更换制动闸瓦并使之符合技术规定。

7.4.2 启闭机养护修理

启闭机运营管理的基本原则是"安全第一，预防为主"，而养护修理是启闭机运行管理的重要内容，为此必须做到"经常养护，随时修理，修重于抢"。

7.4.2.1 启闭机日常检测及检测标准

（1）启闭机保持清洁，无局部脱漆。

（2）启闭机紧固螺栓没有松动，转动部件润滑及灵活，变速箱油位正常，运转时无异常声音等。

（3）启闭机机架（含门架、台车架等）无损伤、裂纹、明显的局部变形、焊缝开裂、螺栓松动等。

（4）启闭机传动轴无损伤、裂纹及明显变形。

（5）启闭机各滑动及滚动轴承工作正常，无裂纹、损伤、变形、挤压、严重磨损及润滑情况良好等。

（6）开启齿轮无断齿、崩角、磨损和压陷等，以及啮合状况良好。

（7）启闭机制动器工作灵活可靠，无打滑、焦味和冒烟现象，制动轮无裂纹、砂眼等缺损，测量制动轮与闸瓦间隙及磨损量要符合标准。

（8）启闭机的其他零部件（如滑轮组、吊钩、吊杆等）无表面裂纹、损伤（必要时探伤）、变形和脱落。

（9）卷扬式启闭机卷筒表面、卷筒帽及轮缘无裂纹、损伤等。

（10）钢丝绳涂刷油脂情况，无变形、腐蚀、断丝，断丝数量以及绳径（判别绳芯）变化，绳套无变形、裂纹等。

（11）移动式启闭机的行走支撑系统无变形、损坏、偏斜、啃轨现象，转动部件灵活。

（12）移动式启闭机的抓梁（挂托自如式、钩环式、液压穿销式）无表面裂纹、损伤、变形，转动部分润滑、灵活，防腐涂膜无脱落，穿销式的信号反馈没有失灵。

（13）移动式启闭机的供电装置（电缆卷筒、架立式电缆、安全滑触线等）完好。

（14）螺杆式启闭机的螺杆无弯曲，螺杆和螺帽无裂纹、损伤等。

（15）电动机清洁，接地良好，引出线连接要正确，轴承润滑，量测电动机绝缘电阻和运行中的温升符合标准。

（16）启闭机的护罩无破损、腐蚀等。

（17）启闭机的手动机构动作要灵活、可靠。

7.4.2.2　启闭机养护标准

本工程采用的是常见的螺杆式启闭机，日常养护标准有：

（1）启闭机金属结构表面卫生清洁，无油污、灰尘、铁锈、油漆脱落、焊渣、锈迹等。

（2）启闭机各连接件保持紧固，无松动现象；螺栓、螺母等紧固部件符合有关规定。

（3）启闭机手摇部分转动灵活平稳、无卡阻现象，手、电两用设备电气闭锁装置安全可靠。

（4）启闭机行程开关动作灵敏，高度指示器指示准确，电气设备无异常发热现象。

（5）启闭机黄油杯注满钙基油脂，并每年更新一次。

（6）启闭机机箱无漏油、渗油现象。

（7）启闭机各轴系、各箱体等处的定位、同轴度、同心度等保持在规定的范围内。

（8）启闭机运行时各机械部件均无冲击声和其他杂音等。

（9）启闭机各指示表定期检验，指示正确。

7.4.2.3 启闭机养护内容

启闭机养护内容可概括为"清洁、紧固、调整、润滑"八字作业。

1）清洁

针对启闭机的外表、内部和周围环境的脏、乱、差，采取的最简单、最基本却很重要的保养措施就是对启闭机进行清洁。如电动机主要操作设备应保持整齐、清洁，接触良好，要经常清扫电动机外壳上的灰尘污物，轴承润滑油脂要足够并保持清洁。

2）紧固

对启闭机连接部位的螺栓等的松动进行检查和校紧。

3）调整

启闭设备在运行过程中由于松动、磨损等原因，引起零部件相互关系和工作参数的改变，需进行调整。通常有以下几个方面：

（1）各种间隙调整：如轴瓦与轴颈、滚动轴承的配合间隙，齿轮啮合的顶侧间隙等。定子与转子之间的间隙要均匀，检查和量测电动机相间及相对铁芯的绝缘电阻是否受潮，应保持干燥状态。

（2）行程调整：如制动器的松闸调整、离合器的离合调整、安全限位开关的限位行程等。机械传动部件要灵活自如，接头要连接可靠，限位开关要经常检查调整，保险丝严禁用其他金属丝代替。

（3）松紧调整：如转动皮带、链条等松紧的调整。

（4）工作参数调整：如电流，电压，制动力矩，油压启闭机的流量、压力、速度等。

4）润滑

凡是偶遇相对运动的零部件，均需要保持良好的润滑，以减少磨损，延长设备寿命；降低事故率；节约维修费用，并降低能源消耗等。

润滑工作很重要，对于高速滚动的轴承，要用润滑脂润滑；对于变速器、齿轮联轴节等封闭或半封闭的部件，常用润滑油进行润滑。启闭机的润滑油料不得任意乱用。

7.4.2.4　启闭机修理

1）制动装置修理

（1）闸瓦退距和电磁铁行程调整后，应符合《水工建筑物金属结构制造、安装及验收规范》（SLJ 201—80、DLJ 201—80）附录十三章中的有关规定。

（2）制动轮出现裂纹、砂眼等缺陷，必须进行整修或更换。

（3）制动带磨损严重，应予更换。制动带的铆钉或螺钉断裂、脱落，应立即更换补齐。

（4）主弹簧变形，失去弹性时，应予更换。

2）钢丝绳修理

（1）钢丝绳每节距断丝根数超过《超重机械用钢丝绳检验和报废实用规范》（GB 5972—86）的规定时，应更换。

（2）钢丝绳与闸门连接一端有断丝超标，其断丝范围不超过预绕圈长度的 1/2 时，允许调头使用。

（3）更换钢丝绳时，缠绕在卷筒上的预绕圈数，应符合设计要求。无规定时，应大于 5 圈，如压板螺栓设在卷筒翼缘侧面又用鸡心铁挤压时，则应大于 2.5 圈。

（4）绳套内浇注块发现粉化、松动时，应立即重浇。

（5）更换的钢丝绳规格应符合设计要求，并应有出厂质保资料。

3）承重螺母更换

螺杆启闭机的承重螺母，出现裂纹或螺纹齿宽磨损量超过设计值的20%时，应更换。

7.5 压力（钢）管检测和养护

管道是控制流体流动，用以输送、容纳、排放液体的，由管子、管件、法兰、阀门及其他构件组成的装配总成。穿堤建筑物中的压力管道，通常是引水或排水系统的重要组成部分。本工程中，钢材质的和钢筋混凝土材质的圆管涵最常见。

7.5.1 压力管道检测

压力管道的检测工作包括外观检验、测厚、无损检测、硬度测定等。检测应符合《工业金属管道工程施工及验收规范》（GB 50235—97）和《现场设备工业管道焊接工程施工及验收规范》（GB 50236—98）及《压力管道规范——工业管道》（GB/T 20801—2006）中的规定要求或设计要求。

7.5.1.1 压力管道外观无损检测

压力管道外观检查应符合要求，尤其是钢管的焊缝。对压力管道焊缝外观和焊接接头表面，要求焊接外观应成型良好，宽度以每边盖过坡口边缘2 mm为宜。角焊缝的焊脚高度应符合设计规定，外形应平缓过渡。

另外，压力钢管的焊接接头表面不允许有裂纹、未熔合、气孔、夹渣、飞溅存在。焊缝表面不得低于管道表面。焊缝余高且不大于3 mm（为焊接接头组对后坡口的最大宽度）。焊接接头错边应不大于壁厚的10%，且不大于2 mm。

压力管道的表面检测，通常对铁磁性材料钢管，应选用磁粉检测方法；对非铁磁性材料钢管，应选用渗透检测方法。湘江防洪景观工程的压力管道多为铁磁性材料钢管，所以适宜用磁粉检测方法。表面检测按照规范要求进行。

7.5.1.2 压力管道损伤检测

常用的压力管道损伤检测方法主要有：漏磁检测法、电流检测法、射线检测法等，应按照标准要求进行。

1）漏磁检测法

漏磁检测是一种多功能的无损检测技术，它有很高的检测速度。对于金属材料，它不仅能提供金属材料表面缺陷的信息，还能提供材料深度的信息，且不需要耦合剂。漏磁检测适合于检测管壁的细小缺陷，如管壁裂纹和直径很小的腐蚀点等。

2）电流检测法

该检测方法不仅与电导率有关，同时还受磁导率影响，因而操作较复杂。电流检测广泛使用于焊缝区熔合程度、管道腐蚀的检查，还用于测量裂纹深度及倾斜角。

3）射线检测法

工程中最常用的是射线照相法，其原理是：当射线透过管道材料内部的缺陷时，由于缺陷（如气孔、裂纹、非金属夹杂等）处吸收射线的能力较差，故投射到材料底部照相底片上相应部位的感光度较大，因此可根据底片上的感光度鉴别出缺陷是否存在及其外形和大小。

7.5.2 压力管道养护修理

7.5.2.1 养护标准

及时清理管内杂物，避免产生堵塞，保持运行通畅；如有轻微损坏则应及时修补；管身及构件强度足够，没有损伤或隐患；布置在堤身背水坡的支墩与堤防结合部发现有沉降、裂缝时，应立即通知有关单位对其修理；发现渗水情况应查明原因，采取合理的渗流控制措施。

7.5.2.2 养护措施

（1）清洁，除锈。

（2）检测，修理。

（3）更换。

7.6 涵闸、泵站混凝土检测与养护

堤防工程中的涵闸、泵站等建筑物，由于施工质量、运行环境、不均匀沉降等因素的影响，混凝土结构产生的孔洞、蜂窝、裂缝等缺陷，往往对结构产生危害。为了及时发现和消除结构上的安全隐患，需要对混凝土进行检测与养护。

7.6.1 混凝土检测内容

混凝土检测项目主要指对堤防工程中的涵闸、泵站的混凝土缺陷进行检测。检测内容及其标准可参考《普通混凝土力学性能试验方法标准》（GB/T 50081—2002）、《普通混凝土长期性能和耐久性能试验方法》（GBJ 82—1985）、《混凝土结构工程施工质量验收规范》（GB 50204—2002）或相关设计资料等。

7.6.2 混凝土养护

对堤防工程而言，混凝土的养护指对涵闸、泵站混凝土暴露面的外观检查后的缺陷进行处理。混凝土常见缺陷有裂缝、渗漏、蜂窝、孔洞、露筋等。

7.6.2.1 裂缝处理

混凝土建筑物出现裂缝后，应加强检查观测，查明裂缝性质、成因及其危害程度，据以确定修补措施。

裂缝应在基本稳定后修补，并宜在低温季节开度较大时进行。不稳定裂缝应采用柔性材料修补。混凝土的微细表面裂缝、浅层缝及缝宽水上区小于 0.2 mm，水下区小于 0.3 mm 时，可不予处理或采用涂料封闭。缝宽大于规定时，则应分别采用表面涂抹、表面粘补、凿槽嵌补、喷浆或灌浆等措施进行修补。

检查裂缝的方法是在裂缝首位涂以颜色鲜艳的油漆，经常目测或用放大镜观察其长度、宽度、深度、走向有无发展变化，受温度及荷载影响是否明显等。

1）涂抹与粘补

混凝土建筑物水上部分和背水面表面的裂缝处理，可采用水泥浆或水泥砂浆表面涂抹。或者表面粘补，即用胶粘剂把橡皮或其他材料粘贴在混凝土裂缝部位，以封闭裂缝，防渗堵漏。也可用放水快凝矿浆涂抹，即在水泥砂浆内加入放水、快凝剂，涂抹封堵裂缝。

2）凿槽嵌补

凿槽嵌补的方法有两种：一种是沿混凝土裂缝凿一浅槽，洗刷干净，涂沫一层环氧基液后，再涂以环氧砂浆至与混凝土表面齐平，并以烧热的铁沫压实抹光，用塑料布覆盖，并以木板撑压，使环氧砂浆与混凝土紧密结合；另一种是沿混凝土裂缝凿一深槽，经凿毛、修整和清洗后，再在槽内嵌填放水材料，如环氧砂浆、沥青油膏、沥青砂浆或聚氯乙烯胶泥等，然后抹平、养护即可。

3）喷浆修补

喷浆修补可选用素喷浆、挂网喷浆，以及挂网喷浆与凿槽嵌填预缩砂浆或沥青水泥相结合等方法。素喷浆的喷浆层与混凝土的胀缩性能不一致，常易引起喷浆层开裂或脱落，而挂网喷浆则可避免这一缺点。喷浆时，应严格控制砂浆的质量和施工工艺。

4）钻孔灌浆

灌浆的材料可根据裂缝的性质、开度，以及施工条件，选用水泥、沥青和化学材料。水泥灌浆一般适用于开度大于 0.3 mm 的裂缝，先在建筑物上钻孔、冲刷、埋管，然后灌注。化学灌浆适用于开度小于 0.3 mm 的裂缝，具有较高的黏结强度和良好的可灌性，还能调节凝固时间，以适应各种情况下堵漏防渗的要求。化学灌浆材料一般有甲凝、环氧树脂、丙凝和聚氨酯等。

7.6.2.2　渗漏处理

混凝土结构的渗漏，应结合表面缺陷或裂缝进行处理，并应根据渗漏部位、渗漏量大小等情况，分别采用砂浆抹面或灌浆等措施。

混凝土建筑物的渗漏，按其发生的部位不同，可分为建筑物本身渗漏、基础渗漏、底板与基础接触面渗漏，以及侧绕渗漏等。检查渗漏常用的方法是在上游相应位置投放食盐、颜料或荧光粉，然后在下游观察或取水样分析；也可派潜水员潜水检查，查清渗漏的具体部位。检查伸缩缝内填充物有无流失、漏水现象，并查明渗水原因。

根据裂缝发生的原因、渗漏量大小和分布等情况，可分别采用表面处理或灌浆处理措施。

1）散渗或集中渗漏处理

产生散渗或集中渗漏的原因主要是施工质量差，存在蜂窝、空洞、不密实和抗渗性能低等缺陷。对于混凝土密实性差、裂缝、孔隙比较集中的部位，可采用水泥灌浆或化学灌浆处理。对于大面积的细微散渗和水头较小的部位，可采用表面涂抹处理。对于集中射流的孔洞，如流速不大，可将孔洞凿毛后用快凝胶泥堵塞；如流速较大，可先用棉絮或麻丝揿入孔洞，以降低流速和减少漏水量，然后再进行堵塞。对于大面积的散渗，可修筑防渗层。对于涵洞壁漏水范围大，缩小洞径不影响用水要求的，可采用内衬钢管、钢筋混凝土管等措施处理。

2）止水缝、结构缝渗漏处理

一般可采用加热沥青进行补灌，如补灌沥青有困难或无效，可采用化学灌浆。化学灌浆可采用防渗堵漏能力强、固结强度高的聚氨酯或丙凝，有的还可补作止水结构。

3）绕渗处理

摸清两侧的地质情况和渗漏部位后，分别采取开挖回填、钻孔灌浆和加深齿墙等方法处理。

4）基础渗漏处理

应根据渗漏的原因、基础情况和施工条件进行综合分析，确定处理方案。对于非岩基渗漏，可在建筑物上游做黏土铺盖、黏土节水墙、黏土灌浆或化学灌浆，以及改善下游的排水条件等；对于岩基渗漏，可采取灌浆以加深、加厚阻水帷幕，下游增设排水孔，改善排水条件等方法进行处理。

7.6.2.3 表层蜂窝处理

蜂窝是混凝土表面缺少水泥砂浆而形成石子外露的粗糙表面。情况严重时，构件主要受力部位有蜂窝，一般情况是其他部位有少量蜂窝。

蜂窝产生的原因主要包括：混凝土拌和料中细料不够，粗集料中细料不足，振捣不充分，施工中在模板接缝处或在连接螺栓孔处漏浆。

处理办法有：对于小蜂窝，应剔除松动的石子和松散的混凝土，直到露出坚硬的混凝土，用水冲洗湿润缺陷表面，用高标号的 1：2 或 1：2.5 水泥砂浆压实抹平；对于较大的蜂窝，先凿除蜂窝处薄弱松散的混凝土和突出的颗粒，刷洗干净后支模，再用高一强度等级的细石混凝土仔细强力填塞捣实，并认真养护。

7.6.2.4 表层孔洞处理

先将孔洞周围的松散混凝土和软弱浆膜凿除，再用压力水冲洗，支设带托盒的模板，洒水充分湿润后用比结构高一强度等级的半干硬性的细石混凝土仔细分层浇筑，强力捣实，并养护，突出结构面的混凝土，待达到50%强度后凿除，表面用 1：2 的水泥砂浆抹平。

7.6.2.5 表层露筋处理

钢筋的混凝土保护层受到侵蚀损坏时，应根据侵蚀情况分别采用涂料封闭、砂浆抹面或喷浆等措施进行处理，并应严格掌握修补质量。

（1）表面露筋：刷洗干净后用 1：2 或 1：2.5 的水泥砂浆将露筋部位抹压平整，并认真养护。

（2）深层露筋：将薄弱混凝土和突出的颗粒凿除，洗刷干净后，用比原来高一强度等级的细石混凝土填塞压实，并认真养护。

7.6.2.6 风化、冻融

采用木锤敲击混凝土表面，判断混凝土经冻融、风化、热冷交替侵蚀后有无脱壳现象。

采用刀子、錾子试剥的方法，判断混凝土经冻融、风化、热冷交替侵蚀后的松软程度及范围。

第8章 景观道路工程运营养护

8.1 景观道路工程管理制度

长株潭湘江防洪堤及景观道路工程新修 71.689 km 景观道路。建成后的景观道路既是长株潭城市群互通的一条风景秀丽的高等级公路，也是湘江防汛抢险的通道。

按照"防洪第一，道路第二，景观第三"的原则，建成后的沿江景观道路首先满足水利方面的功能要求与管理要求。按照《中华人民共和国防洪法》有关规定，在紧急防汛期，防汛指挥机构提请公安、交通等有关部门依法实施陆地车辆交通管制，此时堤顶道路实为防汛通道，应满足防汛道路有关抢险要求。

堤顶道路如作为公共道路使用，应按规定由开通的部门按相关公路规范要求设置防护、警示设施，并落实管理责任、联动机制，车辆交通管理则按照交通方面的法规或者规定执行。景观道路的运营维护管理办法，应满足交通方面相应规范要求，如《公路养护技术规范》(JTJ 073—96)、《公路沥青路面施工技术规范》(JTG F40)等。

长株潭城市群湘江防洪大堤及景观改扩建工程中，景观道路工程的管理范围规定如下：

（1）景观道路工程为路堤结合工程，范围从长沙市猴子石大桥右岸经湘潭至株洲航电空洲岛止。工程管理范围包括道路、路基和路面。

（2）道路沿线设施包括交通安全、交通管理设施，防护设施、停车设施，供水、供电设施，劳动卫生设施等。

（3）管理单位生产、生活区及其附属设施占地。

景观道路的运营维护管理单位及管理体制，按照交通管理相关规范或设计资料及其批复文件进行确定，如无这方面的规定，则从实际情况出发，按照工程相关协议执行。

8.2 景观道路养护

8.2.1 路面养护

根据设计资料，新修的景观道路路面均为沥青混凝土路面。

8.2.1.1 基本要求

（1）硬化的堤顶道路、路肩及上、下堤辅道，应根据结构不同，参照公路养护修理有关规定，结合工程实际适时进行洒水、清扫保洁、开挖回填修补等养护修理工作。

（2）交通道路发生老化、洼坑、裂缝和沉陷等损坏，应参照公路养护修理有关规定及时修理。

（3）与交通道路配套的交通闸口，如有损坏，应及时维修，恢复正常工作状态。

（4）定期对路面的技术状况进行调查和评定。应以路面管理系统分析结果为依据，科学制订公路养护维修计划。路面技术状况各分项指标低于规定值时，应采取相应措施恢复或提高。

（5）路面损坏分类、技术状况抽查方法和频率，应按现行《公路技术状况评定标准》（JTG H 20）执行。

（6）改建工程、大中修工程的路面结构、施工工艺、材料、质量指标应符合现行有关设计、施工技术规范的规定。大交通量路段应制订科学合理的交通组织方案，减少对通行车辆的影响。

8.2.1.2 沥青混凝土路面养护

1）基本原则

（1）对路面应进行预防性、经常性和周期性养护，加强路况巡查,掌握路面的使用状况,根据路面的实际情况制订日常小修保养和经常性、预防性、周期性养护工程计划。对于较大范围路面损坏和达到或超过设计使用年限的路面,应及时安排大中修或改建工程。

（2）应及时掌握路面的使用状况,加强小修保养,及时修补各种破损,保持路面处于整洁、良好的技术状况。

（3）路面养护工程使用的沥青、矿料的规格、质量要求、技术指标、级配组成及大修、中修、改建工程的设计、施工、质量控制,均应符合现行《公路沥青路面设计规范》(JTG D 50)和《公路沥青路面施工技术规范》(JTG F 40)的有关规定。

（4）路面的技术状况应符合现行《公路技术状况评定标准》(JTG H 20)的有关规定。对项目的养护维修对策,可根据公路网的资金分配情况和养护工作计划安排,结合各路况分项评价结果和本地区成熟的养护经验,选择具体的养护维修措施。

2）养护要求

（1）加强路况巡查,及时发现病害,研究分析病害产生的原因,并有针对性地对病害进行维修处治。

（2）路面清扫巡查过程中,发现路面上有杂物时,应及时清扫,保持路面整洁。路面的日常清扫,应根据实际情况,采用机械或人工的方法进行。高速公路和一级公路应以机械清扫为主,其他等级可以机械和人工相结合进行清扫。二级和二级以上公路路面的清扫作业频率宜不少 1 次/天,其他等级公路可根据路面污染程度、交通量大小及其组成、气候和环境等因素而定,但不宜少于 1 次/周,路面分隔带内的杂物清理宜不少于 1 次/月。清扫时,应防止产生扬尘而污染环境,危及行车安全,并及时清除和处理路面油类或化工类等玷污物。雨后路面积水应及时排除。

（3）在汛期,应对排水设施进行全面检查并疏通。冬季降雪天气应及时除雪除冰,并采取必要的路面防滑措施。

（4）加强经常性和预防性的日常养护，以保障路面及沿线设施良好的技术状况。

（5）严禁履带车和铁轮车在沥青路面上直接行驶，如必须行驶，应采取相应保护措施。

（6）对各种路面病害应分析其产生的原因，并根据路面的结构类型、设计使用年限、维修季节、气温等实际情况，及时采取相应维修处治措施，防止病害扩大，并应符合路面养护标准。路面病害的维修宜采用机械作业，所使用的沥青混合料集中厂拌，并采取保温措施，以逐步提高维修作业的机械化水平。

3）养护方法

对路面病害的养护应有周密的计划，做好材料准备，保证工序之间的衔接，对坑槽、沉陷、车辙等需将原路面面层挖除后进行机械修补作业的病害，宜当日开挖当日修补，并设置警示标志，保障行车安全。

（1）路面修补。

修补面积应大于病害的实际面积，修补范围的轮廓线应与路面中心线平行或垂直，并在病害面积范围以外100~150 mm。应采取措施使修补部分与原路面联结紧密。

（2）罩面。

沥青路面罩面按其功能划分为普通型罩面（简称罩面）、防水型罩面（简称封层）和抗滑层罩面（简称抗滑层）三种。其技术要求应符合现行《公路沥青路面施工技术规范》（JTG F 40）的规定。其中，罩面主要适用于消除破损，恢复原有路面平整度，改善路面性能的修复工作，封层主要适用于提高原有路面的防水性能、平整度和抗滑性能的修复工作，抗滑层主要适用于提高路面抗滑能力的修复工作。凡需重新做基层的，其技术要求应符合现行《公路路面基层施工技术规范》（JTG 034—2000）的规定。

（3）路面翻修与再生利用。

当路面破损严重,采用罩面等措施不能使路面恢复良好的工作状态时,为保证必要的服务功能,应进行翻修并对旧沥青面层尽可能予以再生利用。

翻修前,应对需要翻修路段的路面结构、路基土特性和交通量进行调查分析,并按路面补强设计要求或现行《公路沥青路面设计规范》(JTG D 50)的规定进行结构厚度设计。如因路基软弱导致路面损坏,应对软弱路基采取有效措施处治,达到质量标准后再修筑基层、面层。再生沥青混合料的运输、施工和质量管理等技术要求应符合现行《公路沥青路面施工技术规范》(JTG F 40)的规定。

(4)路面补强。

在现有公路等级不变的情况下,沥青路面因损坏严重、路面结构强度指数(PSSI)不符合要求,应进行路面补强。补强也适用于提高公路等级而进行的改建工程。应综合考虑由补强厚度导致的纵坡与横坡的调整,以及与沿线结构物的联结等的相互协调,使纵坡线形符合现行《公路工程技术标准》(JTG B 01)的要求。还应考虑补强结构层与原路面结构的联结问题。沥青路面补强层材料类型应按现行《公路沥青路面设计规范》(JTG D 50)的规定选取。路面的补强应注意与桥涵的良好衔接,保证路面与桥涵顶面的纵坡顺适。补强层材料设计参数按新建路面材料设计参数的选择方法进行,并应符合现行《公路沥青路面设计规范》(JTG D 50)的有关规定。

(5)沥青混凝土路面裂缝处理。

沥青混凝土路面裂缝大体分为两种类型:一种是荷载型裂缝,即主要由于行车荷载作用下产生的裂缝;另一种是非荷载型裂缝,以温度裂缝为主的低温收缩裂缝和温度疲劳裂缝。裂缝的形成将导致水分侵入,最终导致基层甚至路基软化,路面承载能力下降。

横向裂缝是沿路面横断面方向出现的规则裂缝,与路中心线基本垂直,线宽不一。横向裂缝轻微时多为局部细线状,严重时通常贯穿整个路面宽度，有时伴有多个横向或斜向的支缝。

纵向裂缝走向基本与路线走向平行，裂缝长度和宽度不一，沿着道路纵向投影的长度远远大于沿着横断方向投影的长度。网状裂缝纵横交错，缝宽在 1 mm 以上，缝间距离在 40 mm 以下，裂缝面积在 1 m² 以上。纵向裂缝通常是由于路基或基层的沉降而产生的，在路面加宽或半填半挖的路基型式中容易产生这种病害形式。不规则裂缝是指路面上的横向裂缝、纵向裂缝和斜向裂缝等相互交错而将路面分割成许多不规则的裂块。

沥青路面裂缝产生后，应及时予以处理，防止水等有害物质侵入，影响道路使用寿命。对于细裂缝(2～5 mm)可用乳化沥青进行灌缝处理；对于大于 5 mm 的粗裂缝，可用改性沥青(如 SBS 改性沥青)进行灌缝处理。灌缝前，必须清除缝内、缝边碎料、垃圾等，并保证缝内干燥；灌缝后，表面应撒布粗砂或 3～5 mm 的石屑。

8.2.2　路基维护

8.2.2.1　一般要求

（1）通过日常巡查，发现病害及时处理，保持良好稳定的技术状况。

（2）路肩无病害，边坡稳定。

（3）排水设施无淤塞、无损坏，排水畅通。

（4）挡土墙等附属设施良好。

（5）加强不良地质中期边坡崩塌、滑坡、泥石流等灾（病）害的巡查、防治、抢修工作。

8.2.2.2　路肩与边坡

（1）公路路肩应保持平整、坚实，横坡适顺，排水顺畅。土路肩或草皮路肩的横坡应略大于路面横坡，硬路肩与路面同坡。硬路肩产生病害应参照同类型路面病害处理。

（2）路基边坡应保持平顺、坚实，遇有缺口、坍塌、高边坡碎落、侧滑等病害，应分别针对具体情况采取各种相应的加固整修措施。

8.2.2.3 排水设施

（1）路基排水设施应保持排水畅通。如有冲刷、堵塞和损坏，应及时疏通、修复或加固。

（2）路基排水设施断面尺寸和纵坡应符合原设计标准规定。

（3）对暗沟、渗沟等隐蔽性排水设施，应加强检查，防止淤塞，如有淤塞，应及时修理、疏通。

（4）原有排水设施不能满足使用要求时，应适时增设和完善。新增排水设施时，其设计、施工应符合现行《公路路基设计规范》（JTG D 30）和《公路路基施工技术规范》（JTG F 10）的有关规定。

8.2.2.4 挡土墙

（1）对挡土墙应加强检查，发现病害应查明原因，并观察其发展趋势，采取相应的修复、加固等措施，损坏严重时，可考虑全部或部分拆除重建。

（2）应保持挡土墙的泄水孔畅通，定期检查和维修，清理伸缩缝、沉降缝，使其正常发挥作用。

（3）重建或增建挡土墙，应根据公路所在地区地形及水文地质等条件合理选择挡土墙类型（附录 C），并应符合现行《公路路基设计规范》（JTG D 30）和《公路路基施工技术规范》（JTG F 10）有关规定。

8.2.3 道路附属工程维护

（1）人行道。本景观道路人行道为砌块类，维护要求为道面平整，无沉陷、拱起、松动、破碎、缺失、错台等现象；无障碍设施功能完善；井框高差不明显，无井盖缺失、缺损。面积在 20 m^2 以下的进行日常养护维修作业（不包括人行道上车等人为因素造成的损坏）。

（2）路沿石、嵌边石、平石。维护要求为表面接头平整、线型直顺、接缝均匀、安砌稳固，无缺损、倾斜、移位、松动等现象。

（3）护栏。维护要求为护栏干净、整洁，无污秽、脱节、变形、移位等。

（4）照明设施。路灯应该有足够的照度、亮度、防眩度以及良好的照明诱导性；对于景观照明，作为广告灯箱、店招等商业设施的照明色彩可以丰富多彩、鲜艳夺目。

（5）标识设施。尽量与其他视觉信息设施整合设置。支柱、标牌的油漆无脱落、缺损，无污秽、变形等。

第9章 景观工程运营维护

9.1 景观工程管理制度

长株潭湘江防洪堤及景观道路工程新修 71.689 km 景观道路，设置了 36 处节点景观。节点景观工程情况见表 9.1。

表 9.1 景观工程统计

编号	项目	标段名称	节点景观工程名称
1	长沙段	长沙段景观	江边崖刻、狂草园、休闲文化长廊 1、休闲文化长廊 2、黑石铺码头、黑石铺大桥、百草园 1、百草园 2、百草园 3、新港河农家乐 1、新港河农家乐 2、惊马洲码头、惊马洲交通广场，共计 13 处
2	昭山段	昭山段景观	窑洲文化广场、窑洲文化广场湿地，共计 2 处
3	株洲段	株洲市段景观	科技公园、风景林带、红港大桥节点、源广场、株洲大桥北、株洲大桥节点、耒耜园、儿童公园、曲尺大桥节点、凿石公园，共计 10 处
4		株洲县段景观	上苍洲湿地公园、胜塘村农家乐及野营地、雷打石浴场、空灵岸北广场、空灵寺、空灵岸南广场，共计 6 处
5	湘潭段	湘潭段景观	滨江林荫带、名人文化长廊、山水清音、荷塘月色景区、滨水音乐广场，共计 5 处
6	合计		共 36 处

景观道路的隔离带用乔木进行布置，高度控制在 1.3~1.5 m，后期需精心的养护管理；在景观道路与城区连接的部分，两侧的带状景观同时具有防护的功能；而道路沿线两侧绿化带的设置，与道路一起构成"二板二带"的基本结构形式。景观工程中的林木草皮，既是景观风景，也是道路绿化的主要内容。图 9.1 所示为部分已建景观。

（a）护坡草皮　　　　　　　　（b）堤顶道路绿化

图 9.1　部分已建景观

景观工程的管理范围如下：

（1）景观工程占地范围；

（2）景观附属工程设施：包括给水灌溉设施、排水设施等；

（3）管理单位生产、生活区及其附属设施占地。

景观工程保护范围为：

（1）景观边界以外 50 m 范围之内。

（2）特殊区段视具体情况而定，城区建筑物密集带不再考虑加设保护范围。

景观工程应由具有园林专长的相关管理部门负责后期养护。

景观工程各运营维护单位，应通过制定景观工程运营维护管理职责、内容、制度与方法，使景观工程管理向正规化、制度化、规范化、信息化发展，不断提高景观工程管理水平，使景观工程充分发挥作用。

9.2 景观林木养护

9.2.1 养护目标

（1）应贯彻"因地制宜、因路制宜、适地适树"的方针，科学规划，合理选择绿化植物品种。

（2）应与公路主体工程设计、施工、验收同步进行，由养护部门一并接养。

（3）栽植成活率、保存率指标，不同类型区应分别符合要求。

（4）应定期进行修剪、整形，加强病虫害防治。

（5）环境保护应贯彻"预防为主、防治结合、综合治理"的方针，保护和改善、提高公路环境质量。

9.2.2 养护方法

（1）植物的栽植应符合现行《公路工程技术标准》（JTG B 01）中的规定，乔木和灌木的株、行距可根据不同的树种、冠幅大小选择。绿化植物成活后到郁闭前，应加强抚育管理，及时检查、补植、浇水、除草、松土、施肥、整形等。绿化植物郁闭后，应及时修剪抚育。

（2）在干旱季节，应及时进行人工浇水，浇水量和浇水次数根据实际情况确定。对枯死和病害严重的树木，应及时挖除补植。一旦发生病虫害，应采取相应防治措施，做好树木防冻工作。

（3）堤防生物防护工程应因地制宜选择植物品种。生物防护工程的管理，应因地制宜，坚持日常养护，引进、推广先进技术、机具。

（4）草皮护坡应经常修整、清除杂草，保持完整美观；草高一般不宜超过15 cm，以免叶茎过长，影响排水，诱发病虫害；干旱时宜适时洒水养护。应及时补植或更新缺损的草皮。

（5）节点景观设计种植的林木，其行距、株距也以不影响防汛抢险及检查观测为原则。堤防迎水面设计洪水位以下不得种植乔木（防浪林除外）。对于树木缺损较多的林带，应适时补植或改植其他适宜树种。堤后植物防护应以乔木为主，乔木的株、行距应根据不同的树种、冠幅大小来确定。

（6）堤防工程管理范围的林木由堤防管理单位组织营造，在干旱季节应及时进行人工浇水，浇水量和浇水次数根据实际情况确定。养护人员应防止和及时制止危害生物防护工程的人畜破坏行为。

（7）每年进入冬季，养护人员应对树株进行修剪，特别是堤肩行道林树枝要修剪到同一高度，达到美观要求；夏季主树干长出树芽时，要及时剪掉，以免影响树株拔高生长。

（8）每年进入冬季前，在10~11月对堤肩行道林用石灰水刷白，刷白高度1.3 m，用水准仪测量其高度，控制在同一高程，上面用红漆涂边，涂边宽3 cm，达到整齐划一。

（9）每年春季树株发芽之前用洒水车对堤肩行道林进行浇水，便于树株及早发芽生长。浇水之前，首先要整理好雨林坑，同时便于下雨期间积水。淤区、护堤地、防浪林所种植株用喷灌机抽水浇灌，其他季节视天气干旱情况适时浇水。

（10）当树株发生病虫害时，养护人员应用喷洒车及时进行喷药，防止树叶被害虫吃掉。树株因其他原因死亡时，当年春季 3 月 12 日之前选择与周围同树种和同大小的苗木补植，并浇水封坑。

9.3 景观草皮养护

无论是道路景观还是堤防生物防护，种植草皮都是常见措施之一。草皮应经常修整、清除杂草，保持完整美观；草高一般不宜过高，以免叶茎过长，影响排水，诱发病虫害；干旱时宜适时洒水养护。应及时补植或更新缺损草皮。每年的 4~5 月、9~10 月，应组织养护人员定期清除堤肩、堤坡、淤区坡上的杂草和淤区、护堤地内的高草。其他月份视杂草、高草生长情况进行清除，始终保持堤肩、堤坡、淤区坡无杂草，淤区顶部和护堤地内无高草。

养护人员应定期修剪堤肩、堤坡上的草皮，使其高度达到设计要求，符合工程管理标准。

9.4 滨水节点景观设施维护

依据湘江景观道路设计资料，各标段的景观道路及各节点景观，除了造型绿化的乔木、灌木、花卉、草皮等，还有各种类型的景观设施，如观景亭、景墙、拉膜亭、花架、花墙、花坛、步道、图腾柱、文化石、座椅、铺装路面等。由于景观道路及节点景观设计的景观设施种类及数量多、对象特性各异，维护任务十分繁重。

滨水景观设施在运营维护过程中，湘江水位不同，景观设施使用条件差异较大，所以宜根据湘江水位变化情况确定相应的维护方法。依据滨水景观设计资料，以湘江水位条件为标准，针对湘江水位的三种情况：湘江水位为常水位及以下、水位高于常水位的汛期、从汛期高水位回落至常水位的汛后阶段。总结研究景观设施维护方法有以下 3 种。

9.4.1　低于常水位时滨江景观设施维护

由于临水侧设计的滨水景观均在常水位以上绿化控制线范围内，满足景观设施正常使用条件。

（1）造型绿化的乔木、灌木、花卉、草皮等，宜按照国家和行业现行园林景观绿化的相关法规、规范、标准进行维护。

（2）各种铺装路面，由于铺地材料与规格各异，宜按照相关规范或者设计资料的要求作为维护标准。日常应勤清扫路面垃圾及落叶，保持路面干净整洁。如路面受压明显松动或者破损，应选择相同规格与颜色的铺路材料更换，养护期间应有明显警示标识。如果铺装道路边缘缺损，还要求养护后铺装路面边缘部分稳固。

（3）各种造型设施，如景墙、花架、花墙、花坛、图腾柱、文化石等，宜按照相关规范或者设计资料的要求作为维护标准。为保持景观设施的整洁美观，除日常清洁工作外，更应加强对人员的管理，管理人员要提醒游客爱护设施，禁止攀爬、折损、涂画、拆卸、偷盗等不良行为。对于缺损、丢失的景观设施，要及时按照维护标准进行修理、更换，对于乱涂乱画的，要及时清洗干净，但不得破坏景观设施表面质感。

（4）其他景观设施，如观景亭、拉膜亭、步道、座椅等休闲设施，日常维护要保持设施干净整洁。以该部分设施中的座椅为例，其使用率高，种类与数量多，设施破损后对游客影响大，所以维护工作量较大，要求较高，需要管理人员与游客共同爱护。对于缺损、毁坏的景观设施，要及时按照维护标准进行修理或更换。

9.4.2　汛期高水位时滨江景观设施维护

汛期高水位指汛期湘江水位逐渐升高并高于各标段常水位的情形。此时，有可能滨江景观设施部分或者全部被淹，管理人员应在汛前仔细检查景观设施，及时进行紧固或清理工作，防止景观设施被冲毁或搬移。由于近岸水流的影响，滨江景观区域内的漂浮物，在安全的前提下应及时清理，以防止冲毁出露的景观设施。具体细致的维护方法有待进一步探讨与研究。

9.4.3 汛后滨江景观设施维护

针对湘江水位从汛期高水位逐渐回落至各标段常水位的情况，由于汛期高水位的影响，滨江景观设施水毁情况可能较严重，如低矮的林木、草皮、铺装道路、花坛、步道、座椅等可能全部或者部分长时间被水浸泡，木质设施会变色、发泡，金属构件会锈蚀，彩色设施表层褪色，花卉及绿化植物会大面积枯死等。在回落较短时间内，对较大较高的景观设施出露部分与水下淹没部分，不同材质、不同工艺、不同高程的设施，受洪水影响的程度将不一样，会不同程度地影响景观效果。

9.5 闸区景观维护

（1）闸区景点与建设整体规划不一致时，应于次年的春季逐步进行调整，突出当地历史文化和人文景观。

（2）闸区建筑不亮丽雅致、特色不鲜明、不整洁美观、有乱贴乱画及小广告时应及时粉刷、调整、清除小广告，与闸区环境相协调；甬道不美观、不平整，有破损、坑洼和积水时，应及时修复，清除积水。

（3）闸区绿化草地、花卉、林木搭配不协调、不整齐美观时，应于次年春季及时进行调整补充，尽量达到搭配协调、整齐美观的要求；及时修剪花卉、林木，及时浇水、洒水，保持花卉、林木、草坪生长旺盛；用割草机定期修剪草皮，保持高度在 10 cm 左右，有缺损时及时补植，保证草皮覆盖率达 100%。

（4）闸区内有杂草、杂藤、污物和垃圾时，养护人员应及时清除，并放在垃圾箱内。

（5）庭院布局与建设整体规划不协调时，应逐步调整；各类建筑物及附属设施布局不合理，设施不完整协调、不美观时，应逐步进行调整、改建，达到布局合理、协调美观；庭院内尽量种植花卉、林木等，土地利用率达100%。

（6）庭院种植植物生长不旺盛时，应及时施肥、浇水、修剪，达到四季常青、三季有花、生长繁茂。

（7）庭院内落实管理、卫生责任制，定期打扫环境卫生，始终保持美观、整洁。

9.6 景观工程附属设施运营养护

9.6.1 给水和喷灌设施

（1）给水管道的基础应坚实和密实，不得铺设在冻土和未经处理的松土上。

（2）管道的套箍、接口应牢固、紧密，管端清洁不乱丝，对口间隙准确。

（3）管道铺设应符合设计要求，铺设后必须进行水压试验。

（4）管道的沟槽还土后应进行分层夯实。

9.6.2 绿地排水设施

（1）排水管道的坡度必须符合设计要求，管道标高偏差不应超过±10 mm。

（2）管道连接要求承插口或套箍接口应平直，环形间隙应均匀。灰口应密实、饱满，抹带接口表面应平整，无间断和裂缝、空鼓现象。

（3）排水管道覆土深度应根据雨水井与接连管的坡度、冰冻深度和外部荷载确定，覆土深度不宜小于50 cm。

（4）绿地排水采用明沟排水时，明沟的沟底不得低于附近水体的高水位。采用收水井时，应选用卧泥井。

9.6.3　绿地护栏

（1）铁制护栏立柱混凝土墩的强度等级不得低于 C15，墩下素土应夯实。

（2）墩台的预埋件位置应准确，焊接点应光滑牢固。

（3）铁制护栏锈层应打磨干净，刷防锈漆一遍、调和漆两遍。

9.6.4　花池挡墙

（1）花池挡墙地基下的素土应夯实。

（2）花池地基埋设深度，北方宜在冰冻层以下。

（3）防潮层以 1：2.5 水泥砂浆，内掺 5%防水粉，厚 20 mm,压实。

（4）清水砖砌花池挡墙，砖的抗压强度标号应大于或等于 MU7.5，水泥砂浆砌筑时标号不低于 M5,应以 1：2 水泥砂浆勾缝。

（5）花岗岩料石花池挡墙，水泥砂浆标号不应低于 M5,宜用 1：2 水泥砂浆勾凹缝，缝深 10 mm。

（6）混凝土预制或现浇花池挡墙，宜内配直径 6 mm 钢筋，双向中距 200 mm,混凝土强度等级不应低于 C15,壁厚不宜小于 80 mm。

第 10 章　防洪预警工情管理

信息系统简介

10.1　系统概述

长株潭三市水情及洪水预报系统已基本建成，为提高运营、维护管理大堤和景观道路及防洪工情监测预警能力，构建基于公网与移动网数字化堤防管理平台，需在现有堤防安全监测系统、防洪预警及测报系统基础上，针对长株潭防洪预警工情管理，建立堤防和水利工程管理的防洪预警工情管理信息系统，包括堤防养护、泵闸站运行、视频监控、信息发布等子系统。

系统可提高堤防、景观道路工程管理及防汛调度方面的信息化、自动化水平，并为各级堤防管理单位提供咨询服务。

长株潭城市群防洪预警工情管理信息系统建设的主要内容包括：

（1）基于地理信息系统（GIS）环境下的工情洪水预警管理软件，能实时显示和查询与本工程项目有关的水库、堤防、蓄滞洪区、水闸、泵站等工程信息，包括各项工程技术参数、特征数据和防洪调度预案，能模拟洪水变化情况下水位淹没范围，制作洪灾损失风险图。

（2）洪水期间，可采集大堤和景观道路有关工程运行调度实时信息，这些信息可由各电排站、乡镇水管站和堤防管理所通过网络和无线（短信）方式将有关信息传递到本系统控制中心计算机，同时，也可以同样的方式发布调度指令和信息给各相关单位。

（3）建立大堤和景观道路运营维护管理（数据）资料库，能检索大堤和景观道路的设计、施工、运营和管理等资料。能具备大堤和景观道路运营维护管理手册查询功能。

10.2　系统架构

10.2.1　体系结构

系统的体系结构分为四个层次（见图10.1）：

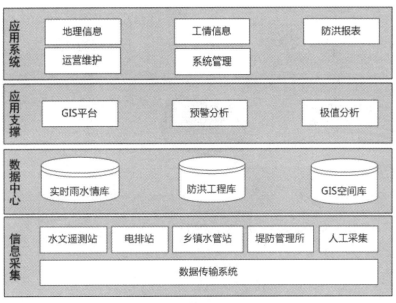

图 10.1　预警系统体系结构

（1）信息采集：通过水位遥测站、电排站、乡镇水管站和堤防管理所通过网络和无线（短信）方式将有关信息传递到本系统控制中心计算机。

（2）数据中心：根据相关标准建立实时雨水情库、工情库、GIS 空间库等，存储系统涉及的数据，对于图片、视频等大数据则直接存储在文件系统中。

（3）应用支撑：提供 GIS 平台、JSON 数据交换平台，为各种应用提供接口。

（4）应用系统：地理信息、工情信息等各子系统的具体实现。

10.2.2　物理架构

预警系统物理架构如图 10.2 所示。

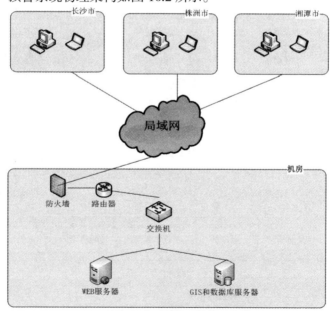

图 10.2　预警系统物理架构

长沙市、株洲市和湘潭市用户都是通过局域网访问系统，系统部署在两台服务器上，其中一台用于 GIS 和数据库服务器，另一台用于 WEB 服务器。

10.2.3　技术特点

系统是通过 Java 技术实现的 B/S 架构程序，在实现时主要遵从两个特性：

（1）行业标准：遵从《实时雨水情数据库表结构与标识符标准》（SL 323—2011）、《国家防汛指挥系统工程防洪工程数据库》结构标准。

（2）跨浏览器：系统支持 IE6、IE7、IE8、IE9、Firefox、谷歌等主流浏览器。

另外，由于采用 Java 技术体系，所以系统可以部署在 Windows、Linux 等各种平台。同时，系统虽然基于 SQLServer 数据库开发，但为 Oracle、Sybase 等数据库的支持亦提供了接口。

10.3　系统权限

预警系统用户权限结构如图 10.3 所示。系统的权限分为两部分，一为操作权限，二为数据权限。操作权限分为普通用户和管理员用户，普通用户只能浏览，管理员用户则可以管理数据。数据权限则根据用户隶属的行政区不同而分配，如长沙市用户只能访问长沙的数据，株洲市的用户只能访问株洲的数据，如果用户不限定在某个行政区，则可以访问所有数据。

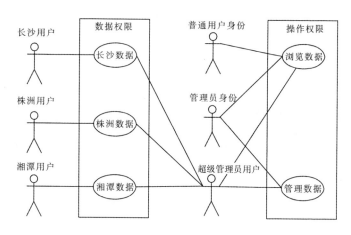

图 10.3　预警系统用户权限结构

10.4　功能结构

根据系统的建设目标和任务，系统的功能主要划分为五大模块，即地理信息、工情信息、防洪报表、运营维护以及系统管理，其中系统管理负责管理系统的权限管理，地理信息将业务以 GIS 的方式展示，其余三大模块则为系统的具体业务实现。预警系统功能模板如图 10.4 所示。

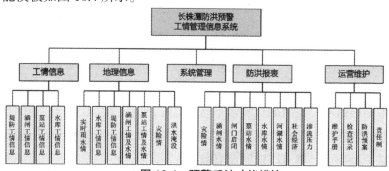

图 10.4　预警系统功能模块

10.4.1 地理信息

地理信息是本系统的核心，主要通过 GIS 展现工情基础信息、预警信息、实时信息、灾险情信息等，同时它又是所有功能的入口。地理信息主界面如图 10.5 所示。

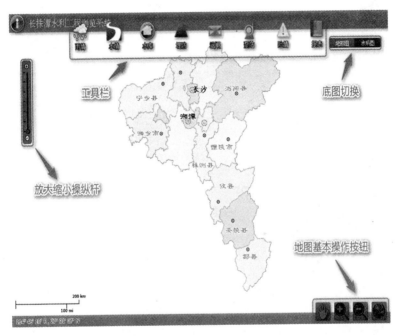

图 10.5 地理信息主界面图

地图的控制包含以下常用操作：

（1）底图切换。目前地图提供了两种底图：水系图和地形图。其中，水系图为独立制作的本地地图，包含涵闸、泵站等工程信息；而地形图为第三方提供的地图，需要连接 Internet 网络才能访问，不提供涵闸、泵站和堤防信息。地理信息在架构上做到了地图和业务展示的完全分离，所以可以切换至任意第三方提供的符合标准的底图1如谷歌发布的卫星图。

（2）放大缩小。对地图进行放大和缩小，既可选定局部进行放大和缩小，也可以当前地图中心为基点进行放大和缩小，最多可放大到六级。放大的级别越大，地图显示的信息越详细。既可通过鼠标滚轮控制放大和缩小，也可通过操作杆操作。地形示意图如图10.6所示。

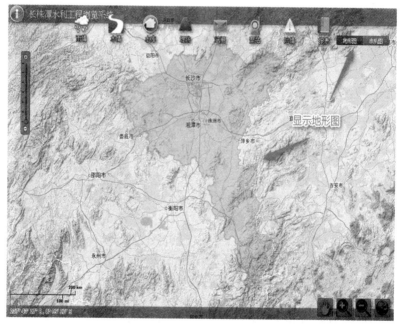

图10.6　地形示意图

（3）地图漫游。向任意方向移动地图，按住鼠标左键移动即可。

地理信息可展示以下内容：

（1）实时雨水情信息。实时雨水情信息的展示一般都提供报表与图形的互动，即在报表上列出相关的实时信息，同时在地图上标注，当点击报表中信息时，可定位到地图上相应的点，鼠标悬停在站点上时显示该点的实时信息，如图 10.7 所示。同时，根据业务需要，对地图上标准的颜色加以区分，以便用户能更直观地了解信息，如：针对雨情，不同级别的降雨以不同的颜色标示；针对河道水情，超警戒的点以红色标示；针对水库水情，超汛限的点以红色标示；等等。

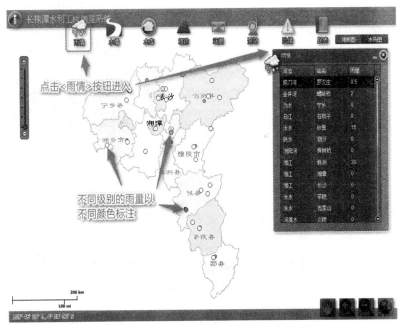

图 10.7　雨情展示图

（2）工情及其水情。工情及其水情的展示提供了报表和图形的互动，在报表中列出所有的工情信息，可以进入工程的详细信息界面。地图的标注则根据水情信息的特点以不同的颜色或性状标示。如针对涵闸，当闸门开启时，则以闪烁的图形标示。当鼠标悬停在地图标注上时则显示其实时信息，如涵闸显示闸上水位、闸下水位、开启孔数等，如图 10.8 所示。

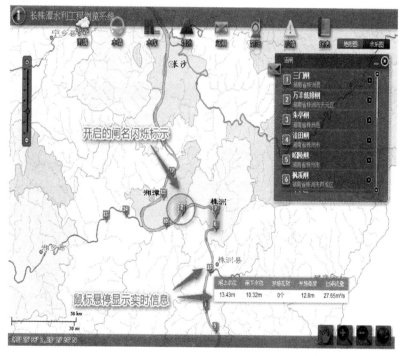

图 10.8　涵闸展示

（3）灾险情。展示灾险情信息，提供报表和地图标注，报表和地图互动，当点击报表中某一灾险情时，即可在地图上定位到该灾险情，可查看其详细信息。用户可在地图上添加灾险情信息，对于未处理的灾险情以闪烁标示，如图 10.9 所示。

图 10.9　灾险情图

10.4.2　报表信息

除了地理信息系统，其他模块的实现则遵从操作简单、界面美观大方的原则，采用按钮图片作为导航，导航最多只分两级，操作人员几乎不经培训就能正常使用系统。报表系统如图 10.10 所示。

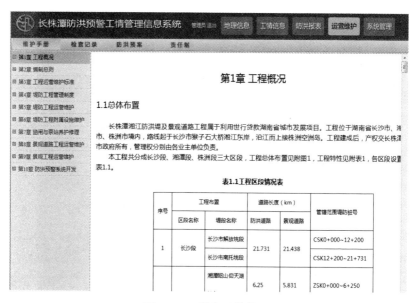

图 10.10　报表系统截图

附　表

附表1　工程特性表

序号	项目名称		单位	数量				备注
				长沙段	韶山段	湘潭段	株洲段	
一	防洪保护区基本情况	现有堤长	km	23.90	5.80	4.03	21.75	
		保护面积	km²	28.07	14.67	16.13	51.74	
		保护人口	万人	4.62	6.57	9.43	5.07	
		工农业总产值	亿元	12.17	13.03	57.35	6.79	
		固定资产	亿元	23.26	24.74	113.55	13.05	
		防洪现状	年	20~30	10~30	30~50	10~30	
		排涝现状	年	5	3	3	5	
二	设计标准	设计水平年	年份	2010	2010	2010	2010	
		防洪标准	年	50~100	50	100	50~100	
		治涝标准	年	720	540	273	157.5	
		道路标准	级	15	15	12	12	郊县
			级	3	3	3	3	城区
三	工程建设	(一)道路工程						
		路线长度	km	21.73	6.25	11.35	33.07	
		路线交叉	处	11	5	11	73	
		连接线工程	km	0.8	0.3	1	4.2	
		路面	万 m²	24.72	5.19	15.75	49.00	
		交通设施	km	21.73	6.25	11.35	33.07	
		桥梁	m²	1 400	380	0	1 217	

序号	项目名称	单位	数量				备注
			长沙段	韶山段	湘潭段	株洲段	
三 工程建设	涵洞	m/处	3	0	13	4	
	（二）防洪工程						
	堤防加高	km	31.73	6.25	5.30	18.52	
	新建堤防	km	2.75	1.34	1.71	1.70	
	堤身灌浆	km	4.29	2.34	0.80	3.73	
	堤基灌浆	km	4.26	22.5	15	13.5	
	改建涵闸	座	15	6	5	30	
	新（重）建涵闸	座	0	1	5	9	
	电排站装机容量	台/kW	36/6 643	11/4 460	8/3 624	18/3 120	
	加固撇洪渠	条/km	6/23.3	1/14.1	1/2.08	1/2.8	
	护坡、护脚	km	21.73	6.25	1.60	10.53	
	（三）景观工程						
	绿化面积	万 m²	40.40	3 120	40.00	60.00	
	人文景点	处	7 200	5 408	3 360	1 440	
	（四）移民安置						
	迁移人口	人	1 902	760	1 107	3 977	
	拆迁房屋	万 m²	142 315.09	37 258.85	63 738.37	274 546.07	
	挖压占地	亩	3 192.19	886.08	743.58	3 323.58	

附表2 堤防工程定期、特别、专项检查记录表

堤防名称： 桩号及部位：

检查单位： 检查日期： 水位：

检查负责人： 参加检查人： 记录人：

序号	检查部位	检查内容与要求	检查情况记录	
			正常（"√"）	存在问题
1	堤防	有无雨淋沟、坍塌、洞穴、渗漏、管涌、裂缝和滑坡等		
		堤身混凝土有无裂缝，是否完整；防浪墙是否完好，有无沉降		
		砌石体有无松动变形，个别块石有无缺失		
		排水棱体是否完好、表面有无堆积物等		
		外观是否整洁，有无垃圾、弃置堆积物，有无种植物		
		绿化是否完好，草木有无枯死、缺失		
2	堤岸防护工程	堤前滩地有无冲刷或淤涨，变幅大致多少		
		外镇压层、抛石层有无明显变化		
		堤脚有无发生淘刷，护坦、大方脚是否出现裂缝、坍陷、冲毁，排水孔是否畅通		
		丁坝、顺坝等是否完整，坝面是否出现裂缝、坍陷、冲毁，坝体附近滩地是否冲刷严重		
3	穿堤建筑物	隔堤、进出交通道等防汛通道是否通畅，结构是否完整		
		取水、排污等穿堤管线是否影响堤防结构		
		涵洞、水闸、泵站等是否完整，设备运行是否正常		
		堤身与涵闸等结合部位是否完好		

序号	检查部位	检查内容与要求	检查情况记录	
			正常（"√"）	存在问题
4	排水设施	排水设施是否完好		
		排水是否畅通		
5	管理附属设施	监控、监测和安全防护设施、防汛道路等是否完好		
		里程碑、界墙（桩）及标志表（碑）等是否完好		
6	管理范围和保护范围	挡土（界）墙等是否完好，有无坍塌等现象		
		有无危害堤防安全的活动		
		管理范围内有无违章建筑物，有无出现所规定的禁止或限制行为发生		
		绿化是否完好，苗木有无枯死现象		
7	其他			
处理意见				

附表 3　堤防工程检查记录表

时间：　　年　　月　　日

检查项目	
检查情况	
处理意见	
备注	
参加人员	记录人：

时间：　　年　月　日

附表 4　＿＿＿＿＿工程养护日志

天气：	日期：　　年　　月　　日
养护内容、地点	
养护完成工作量	
机械台班	
人工工日	
备注	

记录人：　　　　　　审核人：　　　　　　负责人：

附表 5 硬化路面堤顶养护检查记录表

养护单位：　　　　　　　　　　检查日期：　　　年　　月　　日

工程名称	工程	
质量标准	1. 正常维护路面：保持路面无损坏、裂缝、翻浆、脱皮、泛油、龟裂等现象 2. 翻修路面：基础开挖夯实，沥青拌和物合格，养护及时，喷油均匀	
位置	正常维护路面检查结果	翻修路面检查结果
桩号或者位置		

附表6 混凝土破损修补检查记录表

施工单位：   检查日期：   年   月   日

单位工程【编码】		分部工程【编码】				单元工程【编码】	
施工位置		施工日期		年 月 日至 年 月 日		工程量	
质量标准	混凝土结构或构件无局部破损（包括磨损、剥落空蚀、脱壳、冻融损坏、机械损坏和钢筋损坏），如若发生，应及时按照有关技术标准进行修补						
检查情况		桩号或位置	混凝土结构或构件无局部破损（包括磨损、剥落空蚀、脱壳、冻融损坏、机械损坏和钢筋损坏）		发生破损后是否按照有关技术标准进行修补		检查结果

检查人：   记录人：   审核人：

附表7 混凝土裂缝处理检查记录表

施工单位：　　　　　　　　　　　　　检查日期：　　年　月　日

单位工程 【编码】		分部工程 【编码】		单元工程 【编码】	
施工位置		施工日期	年　月　日 至 年　月　日	工程量	
质量标准	混凝土建筑物无裂缝，如若发生，应及时按照有关技术标准和施工方法进行修补				
检查情况		桩号或位置	混凝土建筑物有无裂缝	发生是否及时按照有关技术标准和施工方法进行修补	检查结果

检查人：　　　　　　　　　记录人：　　　　　　　　　审核人：

附表8 堤防工程沉降变形观测记录表

年　　　　　　　　　　单位：mm

测点号	沉降量 名称和位置　　日期	月 日	月 日	月 日	月 日	月 日	月 日	月 日	月 日	月 日	历年累计天数	年累计沉降量	历年累计沉降量
全年统计	最大沉降量_____mm（测点　　　　）； 最小沉降量_____mm（测点　　　　）												
备注													

观测负责人（签名）：　　　　　　　　观测人员（签名）：

附表9 堤防工程裂缝观测记录表

堤防名称：   单位： mm

始测日期：   上次观测日期：   本次观测日期：   间隔：   天

裂缝编号	裂缝位置			始测			上次观测			本次观测			间隔变化量			累计变化量			气温(℃)	备注
	桩号	高程	部位	缝长	缝宽	缝深	缝长	缝宽	缝深	缝长	缝宽	缝深	缝长	缝宽	缝深	缝长	缝宽	缝深		
备注	裂缝发展初期，每天观测一次；趋于基本稳定后每月观测一次（汛前后为宜），裂缝稳定后可适当减少。 绘制主要裂缝平面形状图及裂缝平面分布图																			

填表人：   校核人：   填表日期：

附表 10 水闸水位观测记录表

水闸名称：　　　　　　　　　　　　　　　　　　　　单位：m

序号	观测地点或堤防桩号	观测时间	洪水位	备注

观测负责人（签名）：　　　　　　　　观测人员（签名）：

观测时间：　　　年　　月　　日

附表11 堤防工程常规观测仪器设备配置表

序号	仪器设备名称	单位	配置数量		
			一级管理单位	二级管理单位	三级管理单位
一	控制测量仪器				
1	J2经纬仪	台	4	2	1
2	S3水准仪	台	4	2	1
3	红外线测距仪	台	1		
二	地形测量仪器				
4	平板仪	台	2~4	2	1
三	水下测量仪器、设备				
5	测深仪	台	2	1	
6	定位仪	台	2	1	
7	测船	只	2	1	
四	水文测量仪器、设备				
8	自记水位计	架	2~4	1~2	
9	流速测量仪	架	2~4	1~2	
五	渗流观测仪器设备				
10	电测水位器	台	2	1	
11	遥测水位器	台	2	1	
六	其他仪器设备				
12	摄像机	台	1		
13	照相机	台	2	1	
14	计算机	台	2	1	

附表 12　伸缩缝填料填充检查记录表

施工单位：　　　　　　　　　　　　检查日期：　　年　月　日

单位工程【编码】		分部工程【编码】			单元工程【编码】	
施工位置		施工日期	年　月　日至　年　月　日		工程量	
质量标准	伸缩缝填料填充无流失、老化脱落现象发生；如若发生，应及时进行填充封堵					
检查情况	桩号或位置	伸缩缝填料填充有无流失、老化脱落现象发生		发生是否及时进行填充封堵		检查结果

检查人：　　　　　　　记录人：　　　　　　　审核人：

附表 13 反滤排水设施维修养护检查记录表

施工单位：　　　　　　　　　　　　　　检查日期：　　年　月　日

单位工程 【编码】		分部工程 【编码】			单元工程 【编码】	
施工位置		施工日期	年　月　日 至　年　月　日		工程量	
质量标准	水闸的反滤设施、减压井、导流沟、排水设施等须保持畅通，如有堵塞、损坏，应及时疏通、修复					
检 查 情 况	桩号或 位置	水闸的反滤设施、减压井、导流沟、排水设施等是否保持畅通		堵塞、损坏是否及时疏通、修复		检查 结果

检查人：　　　　　　　　记录人：　　　　　　　　审核人：

附表 14 止水更换检查记录表

施工单位：　　　　　　　　　　　　检查日期：　　　年　　月　　日

单位工程 【编码】		分部工程 【编码】			单元工程 【编码】	
施工位置		施工日期	年　月　日 至　　年　月　日		工程量	
质量标准	闸门橡皮止水装置应密封可靠，闭合状态时无翻滚、冒流现象；当后门无水时，应无明显的散射现象。如若止水橡皮出现磨损、变形、断裂或止水橡皮自然老化、失去弹性且漏水量超过规定时，应及时按照原设计止水要求予以更换					
检 查 情 况	桩号或 位置	止水装置 是否密封 可靠	闭门时有 无翻滚、 冒流	后门无水 时有无明 显的散射	损坏止水 是否及时 更换	检查 结果

检查人：　　　　　　　　　记录人：　　　　　　　　　审核人：

附表 15 闸室清淤检查记录表

施工单位：　　　　　　　　　　　　　　检查日期：　　　年　　月　　日

单位工程【编码】		分部工程【编码】				单元工程【编码】	
施工位置		施工日期		至	年　月　日 年　月　日	工程量	
质量标准	闸室无泥沙淤积，闸门运行正常						
检查情况		桩号或位置	闸室有无泥沙淤积		闸门是否运行正常		检查结果

检查人：　　　　　　　　　记录人：　　　　　　　　　审核人：

附表16 闸门防腐处理检查记录表

施工单位：　　　　　　　　　　　　　　检查日期：　　年　月　日

单位工程【编码】		分部工程【编码】			单元工程【编码】	
施工位置		施工日期	年　月　日至　年　月　日		工程量	
质量标准		对表面涂膜（包括金属涂层表面封闭涂层）应进行定期检查，闸门局部或构件无锈蚀、裂纹等现象，如若发生锈斑、针状锈迹或严重锈蚀时，应及时补涂涂料或更换构件				
检查情况	桩号或位置	对表面涂膜是否进行定期检查	闸门局部或构件有无锈蚀、裂纹等现象	发生锈蚀或严重锈蚀是否及时采取应对措施	检查结果	

检查人：　　　　　　　　　记录人：　　　　　　　　　审核人：

附表17 电动机维修养护检查记录表

施工单位：　　　　　　　　　　　　检查日期：　　年　　月　　日

单位工程 【编码】		分部工程 【编码】			单元工程 【编码】	
施工位置		施工日期	至	年　月　日 年　月　日	工程量	
质量标准	电动机应外壳无尘、无污、无锈；轴承、压线螺旋定期清洗换油，松动、磨损应及时更换					
检 查 情 况	桩号或位置	外壳有无 灰尘、污染、 锈蚀	轴承是否定 期清洗换油		轴承、压线螺 旋损坏、松动是 否及时更换	检查 结果

检查人：　　　　　　　　记录人：　　　　　　　　审核人：

附表 18 操作设备维修养护检查记录表

施工单位：　　　　　　　　　　　　检查日期：　　年　　月　　日

单位工程 【编码】		分部工程 【编码】			单元工程 【编码】	
施工位置		施工日期	年　月　日 至　　年　月　日		工程量	
质量标准	操作系统应保持干净整洁，损坏应更换新配件，定期检查各项技术指标及配件，出现故障要及时调试准确或更换配件					
检查情况	桩号或位置		操作系统是否保持干净整洁	出现故障是否及时调试或更换		检查结果

检查人：　　　　　　　　记录人：　　　　　　　　审核人：

附表19 输变电系统维修养护检查记录表

施工单位：　　　　　　　　　　　　检查日期：　　年　月　日

单位工程 【编码】		分部工程 【编码】			单元工程 【编码】	
施工位置		施工日期	年　月　日 至　年　月　日		工程量	
质量标准	线头连接良好，接头无锈蚀，定期检查紧固；经常清除架空线路上的树障和其他杂物					
检查情况		桩号或位置	线头连接 是否良好	接头是否紧 固、无锈蚀	架空线路有无 树障、杂物	检查结果

检查人：　　　　　　　记录人：　　　　　　　审核人：

附表 20　机体表面防腐处理检查记录表

施工单位：　　　　　　　　　　　　　　　检查日期：　　年　月　日

单位工程 【编码】		分部工程 【编码】			单元工程 【编码】	
施工位置		施工日期	至	年　月　日 年　月　日	工程量	
质量标准	闸门启闭机防护罩、机体表面保持清洁，除转动部位的工作表面外，均应定期采用涂料保护					
检 查 情 况	桩号或位置	闸门启闭机防护罩、机体表面是否保持清洁		是否定期采用涂料		检查结果

检查人：　　　　　　　　记录人：　　　　　　　　审核人：

附表 21　钢丝绳维修养护检查记录表

施工单位：　　　　　　　　　　　　　检查日期：　　年　月　日

单位工程 【编码】		分部工程 【编码】		单元工程 【编码】	
施工位置		施工日期	至 年　月　日 　年　月　日	工程量	
质量标准	启闭机钢丝绳应经常涂抹防水油脂，定期清洗保养，除锈上油；发现有断丝超标且不超过预绕圈长度的 1/2 时，予以调头使用；绳套内浇注锌块发生粉化、松动时要立即重浇，防止发生脱逃调门事故				
检查情况	桩号或位置	钢丝绳是否定期清洗保养，除锈上油	有无断丝超标现象	绳套内有无锌块粉化、松动现象	检查结果

检查人：　　　　　　　　记录人：　　　　　　　　审核人：

附表 22 传（制）动系统维修养护检查记录表

施工单位：　　　　　　　　　　检查日期：　　年　月　　日

单位工程 【编码】		分部工程 【编码】		单元工程 【编码】	
施工位置		施工日期	年　月　日 至 　年　月　日	工程量	
质量标准	启闭机的联结机构应保持紧固，不得有松动现象；传动部位应加强润滑，滑动轴承应及时修刮平滑				
检 查 情 况	桩号或位置	联结机构是 否保持紧固	有无松 动现象	传动部位有无 及时修刮平滑	检查 结果

检查人：　　　　　　　记录人：　　　　　　　审核人：

附表23 自备发电机组维修养护检查记录表

施工单位： 　　　　　　　　　　　检查日期： 　　年 　月 　日

单位工程 【编码】		分部工程 【编码】					单元工程 【编码】	
施工位置		施工日期	至	年 月 日 年 月 日			工程量	
质量标准	柴油机清洁，转动部位保持润滑；柴油机各部位油位正常、油质合格、及时补油换油；集电环换向器擦拭干净；电刷压力、手动发电机转子、风扇与机罩有卡阻及时调整；机旁控制屏元件和仪表安装紧固，熔断器、开关损坏及时更换							
检 查 情 况	桩号或位置	发电机组是否及时清洁、润滑、补油换油		损坏、故障部位是否及时更换、调整		各部位安装是否紧固		检查结果

检查人： 　　　　　　记录人： 　　　　　　审核人：

附表 24　机房及管理房维修养护检查记录表

施工单位：　　　　　　　　　　　　检查日期：　　年　月　日

单位工程 【编码】		分部工程 【编码】				单元工程 【编码】	
施工位置		施工日期	至	年　月　日 年　月　日		工程量	
质量标准	保持内外墙、屋面、门窗等完好，防止预制构件连接件腐蚀，及时做好钢结构构件脱漆部分的修补工作						
检 查 情 况		桩号或 位置	内外墙、屋面、 门窗等是否完好		预制构件连接件有 无腐蚀	钢结构构件脱漆 是否及时修补	检查 结果

检查人：　　　　　　　记录人：　　　　　　　审核人：

参考文献

[1] 浙江省公路管理局. JTG H 10—2009 公路养护技术规范[M]. 北京: 人民交通出版社,2009.

[2] 中华人民共和国水利部.泵站技术管理规程[M]. 北京: 北京古籍出版社, 2000.

[3] 中华人民共和国建设部. CJJ 68—2007 城镇排水管渠与泵站维护技术规程[M]. 北京: 建筑工业出版社, 2007.

[4] 中华人民共和国水利部.SL 171—96 堤防工程管理设计规范[M].北京: 中国水利水电出版社, 1996.

[5] 中华人民共和国水利部.GB 50286—98 堤防工程设计规范及条文说明[M].北京: 中国计划出版社, 1998.

[6] 中华人民共和国水利部, 中华人民共和国能源部.SL 44—93 水利水电工程设计洪水计算规范[M]. 北京: 龙门书局, 1993.

[7] 水利部水利管理司, 湖北省水利水电勘测设计院. 水闸工程管理设计规范[M].北京: 中国水利水电出版社, 1997.

[8] 水利部水利管理司, 江苏省水利厅. 水闸技术管理规程[M]. 北京:中国水利水电出版社, 1995.

[9] 中华人民共和国水利部.SL 206—98 已成防洪工程经济效益分析计算及评价规范[M].北京: 中国水利水电出版社, 1999.

[10] 孙金勇. 堤防工程运行管理系统的技术研究与系统实现[D]. 武汉: 华中科技大学, 2010.

[11] 孙洁. 基于 Web 的堤防林业管理信息系统的设计与实现[D].

武汉：华中科技大学, 2010.

[12] Sedovsky, Zoltan. Discussion on: An inverse reliability method and its application[J]. Structural Safety, 2000, 22(1): 97-102.

[13] Wood E F. An analysis of flood levee reliability[J]. Water Resour. Res., 1977, 13(3): 665-671.

[14] Tung Y-K, Mays L W. Risk models for flood levee design[J]. Water Resour. Res. , 1981, 17(4): 833-841.

[15] 曹云. 堤防风险分析及其在板桥河堤防中的应用[D]. 南京：河海大学, 2005.

[16] 邢万波. 堤防工程风险分析理论和实践研究[D]. 南京：河海大学, 2006.

[17] 王洁. 堤防工程风险管理及其在外秦淮河堤防中的应用[D]. 南京：河海大学, 2006.

[18] 张秀勇. 黄河下游堤防破坏机理与安全评价方法的研究[D]. 南京：河海大学, 2005.

[19] 闫海新. 天津海岸浪潮特征与新型海堤结构探讨[D]. 天津：天津大学, 2010.

[20] 杨震中. 综合物探方法在堤防隐患探测中的应用研究[D]. 长沙：中南大学, 2007.

[21] 孙晓林. 山东黄河标准化堤防工程安全性评价研究[D]. 济南：山东大学, 2010.

[22] 汪自力, 岳瑜素, 许雨新.《堤防工程养护修理规程》的编制[J]. 人民黄河, 2004（11）：11-12.

[23] 陈能华. 敖江防洪堤管理与维护[J]. 海峡科学, 2010(3):42-43.

[24] 张雅卓, 胡硕杰, 王蓉. 城市河道的景观型堤防设计[J]. 南水北调与水利科技,2012（3）：165-168.

[25] Dikes, Revetments-Design, maintenance and safety assess, Edited by KRYTLAN W. PILARCZYK, Rijkswa-terstaat, Hudraulic

Engineering, Division, Detf, 1998.

[26]　R. N. CHOWDHURY, Probability risk analysis in geomechanics and water engineering [R].Department of Civil and Mining Engineering, University of Wollongong NSW, Australia, 1996.

[27]　Mark J B, Robert E H. The Demand of Flood Insurance: Empirical Evidenecel [J]. Journal of Risk and Uncertaintly, 2000,20(3): 291-306.

[28]　Bubry R J. Flood insurance and floodplain management: the US experience[J].Environmental Hazards, 2001, 3(3):111-122.

[29]　Blanchard-Boehm R D, Berry K A.Should flood insurance be mandatory Insights in the wake of the 1997 New Year's Day flood in Reno-Sparks, Nevada[J]. Applied Geography, 2001(21):199-221.

[30]　Kunreuther H C. Mitigating disaster losses through insurance[J]. Journal of Risk and Uncertainty, 1996(12): 171-187.

[31]　Raymond A Stewart, Dam Risk Management. Modern Techniques of Dmas Financing Construction, Operation[J]. Risk Assessment, 2001 (9): 721-749.

[32]　万争鸣, 阳华平. 大规模堤防建设后堤防管理的思路与对策[J]. 江西水利科技, 2001（3）.

[33]　解家毕, 张金接, 刘舒, 等.堤防工程信息管理与风险评价系统的研究与开发[J]. 水利水电技术, 2007(3).

[34]　朱福忠. 堤防绿化树木的栽植与管理[J]. 中国技术新产品, 2008 (17).

[35]　马振文, 于向东. 堤防维修养护现状分类研究[J]. 内蒙古水利, 2011(1).

[36]　金保国. 对我省已建防洪工程运行管理的思考[J]. 价值工程, 2011(22).

[37]　翟录田, 田喜龙. 搞好堤防管理　实现以堤养堤：东河乡堤防

管理经验[J].吉林水利, 1994 (8).

[38] 杨冰, 王宇英, 崔方方, 等. 关于水利工程管理及养护问题的研究[J]. 黑龙江科技信息, 2012(2).

[39] 郑飞. 涵闸的日常养护和抢险措施[J]. 科技传播, 2011(15).

[40] 廖义伟. 河道堤防老化指标体系评定之浅见[J]. 人民黄河, 1993 (4).

[41] 熊洁. 草皮护坡在堤防工程中的应用[J]. 黑龙江水利科技, 2002 (3).

[42] 郑贞霄, 李军利, 朱勇. 加强行洪河道堤防工程的岁修与管理[J]. 河北水利, 2008 (2).

[43] 张英军, 游宏伟. 浅谈堤防绿化的布局及管理[J]. 内蒙古水利, 2009 (6).

[44] 蒋建军, 冯普林. 城市道路绿化规划与设计规范[J]. 人民黄河, 2010 (7).

[45] 戚星海. 日本对堤防加固技术的研究[J]. 浙江水利科技, 1988 (2).

[46] 张晓滨, 隋春蕾. 松花江巨源堤防的维护与度汛抢险措施[J]. 黑龙江水利科技, 2008 (3).

[47] 林丽君. 城市景观道路生态设计的应用研究——以长沙湘江风光带为例[J].山东林业科技, 2008（2）.

[48] 张清明, 徐帅, 周杨. 堤防工程安全评价单元堤段选取方法研究[J]. 人民黄河, 2012（1）.

[49] 何佼龙, 张新胜, 王学东. 长株潭防洪景观道路雷打石段方案选择[J]. 工程建设与设计, 2006 (1).

[50] 程晓陶,李娜, 王艳艳, 等. 防汛预警指标与等级划分的比较研究[J]. 中国防汛抗旱, 2010 (3).

[51] 胡庆华. 我国城市防洪排涝体系发展概述[J]. 东北水利水电，2009（12）.

[52] 方国华,钟淋涓,苗苗. 我国城市防洪排涝安全研究[J]. 灾害

学,2008(9).

[53] 周广伟，许其宽. 适应现代水利要求，加快城市防洪建设[J]. 防汛与抗旱, 2002(11).

[54] 黄喜军，赵庆超，苗永红. 城市应急联动系统在城市防洪中的应用[J]. 水利科技与经济，2008(6).

[55] 翁仕友. 直面沿江四大城市群[J]. 决策，2005(6).

[56] 李国繁，耿新杰，河南黄河水利工程维护养护实用手册[M]. 郑州：黄河水利出版社，2008.

后 记

随着我国城市化进程的加快，城市群已大量形成，联系城市群的江河堤防在防洪、交通、生态景观等诸多功能方面，需协调发展，加强城市群防洪体系的构建和规范运营维护，具有很强的现实意义。本指南未涉及城市内涝引起的防洪问题。

在城市防洪工程管理方面，国内外已有很多成功的经验与丰富的研究成果，在此向参考文献的各位著作者表示诚挚的感谢。本指南的出版得到湖南省水利厅重点办、湖南省水利水电科学研究所、长株潭水利部门、长沙理工大学水利工程学院的大力支持，诚致谢意；感谢研究生唐嶷林、张聪等承担了部分文字编辑和插图绘制工作。黄河水利委员会贾新平高级工程师、杨旭临高级工程师、于松林高级工程师及黄河水利出版社的温红建先生对本书提供了诸多指导和帮助，在此一并致以谢意。

限于编者水平有限、编写时间仓促，不足之处，敬请相关专家和部门提出宝贵意见。

编 者
2013 年 2 月于长沙